中国腐蚀状况及控制战略研究丛书

"十三五"国家重点出版物出版规划项目

海洋大气环境腐蚀寿命

李晓刚　肖　葵　程学群　吴俊升　著

科学出版社

北　京

内 容 简 介

本书针对我国海洋大气环境中材料腐蚀寿命研究的迫切需求,尝试提出大气环境腐蚀寿命的概念,在大量海洋大气环境暴露数据积累的基础上,结合金属大气腐蚀初期规律研究成果,力图建立系列化的室内腐蚀加速试验技术,以期比较准确地对金属海洋大气环境腐蚀寿命进行预测。

本书可供黑色金属、有色金属及其防护涂层材料生产、工程结构设计和腐蚀寿命评估的科研人员和技术人员阅读,也可作为从事材料腐蚀与防护研究的研究生的参考书。

图书在版编目（CIP）数据

海洋大气环境腐蚀寿命/李晓刚等著. —北京：科学出版社，2016.9
（中国腐蚀状况及控制战略研究丛书）
"十三五"国家重点出版物出版规划项目
ISBN 978-7-03-049945-5

Ⅰ. ①海… Ⅱ. ①李… Ⅲ. ①海洋大气影响–大气腐蚀–寿命–研究
Ⅳ. ①TG172.3

中国版本图书馆 CIP 数据核字（2016）第 225781 号

责任编辑：顾英利 / 责任校对：何艳萍
责任印制：张 伟 / 封面设计：铭轩堂

科学出版社 出版
北京东黄城根北街 16 号
邮政编码：100717
http://www.sciencep.com

北京凌奇印刷有限责任公司 印刷
科学出版社发行 各地新华书店经销
*

2016 年 9 月第 一 版 开本：720 × 1000 B5
2016 年 9 月第一次印刷 印张：7 1/2
字数：147 000
POD定价： 58.00 元
（如有印装质量问题，我社负责调换）

丛 书 序

腐蚀是材料表面或界面之间发生化学、电化学或其他反应造成材料本身损坏或恶化的现象，从而导致材料的破坏和设施功能的失效，会引起工程设施的结构损伤，缩短使用寿命，还可能导致油气等危险品泄漏，引发灾难性事故，污染环境，对人民生命财产安全造成重大威胁。

由于材料，特别是金属材料的广泛应用，腐蚀问题几乎涉及各行各业。因而腐蚀防护关系到一个国家或地区的众多行业和部门，如基础设施工程、传统及新兴能源设备、交通运输工具、工业装备和给排水系统等。各类设施的腐蚀安全问题直接关系到国家经济的发展，是共性问题，是公益性问题。有学者提出，腐蚀像地震、火灾、污染一样危害严重。腐蚀防护的安全责任重于泰山！

我国在腐蚀防护领域的发展水平总体上仍落后于发达国家，它不仅表现在防腐蚀技术方面，更表现在防腐蚀意识和有关的法律法规方面。例如，对于很多国外的房屋，政府主管部门依法要求业主定期维护，最简单的方法就是在房屋表面进行刷漆防蚀处理。既可以由房屋拥有者，也可以由业主出资委托专业维护人员来进行防护工作。由于防护得当，许多使用上百年的房屋依然完好、美观。反观我国的现状，首先是人们的腐蚀防护意识淡薄，对腐蚀的危害认识不清，从设计到维护都缺乏对腐蚀安全问题的考虑；其次是国家和各地区缺乏与维护相关的法律与机制，缺少腐蚀防护方面的监督与投资。这些原因就导致了我国在腐蚀防护领域的发展总体上相对落后的局面。

中国工程院"我国腐蚀状况及控制战略研究"重大咨询项目工作的开展是当务之急，在我国经济快速发展的阶段显得尤为重要。借此机会，可以摸清我国腐蚀问题究竟造成了多少损失，我国的设计师、工程师和非专业人士对腐蚀防护了解多少，如何通过技术规程和相关法规来加强腐蚀防护意识。

项目组将提交完整的调查报告并公布科学的调查结果，提出切实可行的防腐蚀方案和措施。这将有效地促进我国在腐蚀防护领域的发展，不仅有利于提高人们的腐蚀防护意识，也有利于防腐技术的进步，并从国家层面上把腐蚀防护工作的地位提升到一个新的高度。另外，中国工程院是我国最高的工程咨询机构，没有直属的科研单位，因此可以比较超脱和客观地对我国的工程技术问题进行评估。把这样一个项目交给中国工程院，是值得国家和民众信任的。

这套丛书的出版发行，是该重大咨询项目的一个重点。据我所知，国内很多领域的知名专家学者都参与到丛书的写作与出版工作中，因此这套丛书可以说涉及了我国生产制造领域的各个方面,应该是针对我国腐蚀防护工作的一套非常全面的丛书。我相信它能够为各领域的防腐蚀工作者提供参考,用理论和实例指导我国的腐蚀防护工作,同时我也希望腐蚀防护专业的研究生甚至本科生都可以阅读这套丛书,这是开阔视野的好机会,因为丛书中提供的案例是在教科书上难以学到的。因此,这套丛书的出版是利国利民、利于我国可持续发展的大事情,我衷心希望它能得到业内人士的认可,并为我国的腐蚀防护工作取得长足发展贡献力量。

徐匡迪

2015 年 9 月

丛 书 前 言

众所周知,腐蚀问题是世界各国共同面临的问题,凡是使用材料的地方,都不同程度地存在腐蚀问题。腐蚀过程主要是金属的氧化溶解,一旦发生便不可逆转。据统计估算,全世界每 90 秒钟就有一吨钢铁变成铁锈。腐蚀悄无声息地进行着破坏,不仅会缩短构筑物的使用寿命,还会增加维修和维护的成本,造成停工损失,甚至会引起建筑物结构坍塌、有毒介质泄漏或火灾、爆炸等重大事故。

腐蚀引起的损失是巨大的,对人力、物力和自然资源都会造成不必要的浪费,不利于经济的可持续发展。震惊世界的"11·22"黄岛中石化输油管道爆炸事故造成损失 7.5 亿元人民币,但是把防腐蚀工作做好可能只需要 100 万元,同时避免灾难的发生。针对腐蚀问题的危害性和普遍性,世界上很多国家都对各自的腐蚀问题做过调查,结果显示,腐蚀问题所造成的经济损失是触目惊心的,腐蚀每年造成损失远远大于自然灾害和其他各类事故造成损失的总和。我国腐蚀防护技术的发展起步较晚,目前迫切需要进行全面的腐蚀调查研究,摸清我国的腐蚀状况,掌握材料的腐蚀数据和有关规律,提出有效的腐蚀防护策略和建议。随着我国经济社会的快速发展和"一带一路"战略的实施,国家将加大对基础设施、交通运输、能源、生产制造及水资源利用等领域的投入,这更需要我们充分及时地了解材料的腐蚀状况,保证重大设施的耐久性和安全性,避免事故的发生。

为此,中国工程院设立"我国腐蚀状况及控制战略研究"重大咨询项目,这是一件利国利民的大事。该项目的开展,有助于提高人们的腐蚀防护意识,为中央、地方政府及企业提供可行的意见和建议,为国家制定相关的政策、法规,为行业制定相关标准及规范提供科学依据,为我国腐蚀防护技术和产业发展提供技术支持和理论指导。

这套丛书包括了公路桥梁、港口码头、水利工程、建筑、能源、火电、船舶、轨道交通、汽车、海上平台及装备、海底管道等多个行业腐蚀防护领域专家学者的研究工作经验、成果以及实地考察的经典案例,是全面总结与记录目前我国各领域腐蚀防护技术水平和发展现状的宝贵资料。这套丛书的出版是该项目的一个重点,也是向腐蚀防护领域的从业者推广项目成果的最佳方式。我相信,这套丛书能够积极地影响和指导我国的腐蚀防护工作和未来的人才培养,促进腐蚀与防护科研成果的产业化,通过腐蚀防护技术的进步,推动我国在能源、交通、制造业等支柱产业上的长足发展。我也希望广大读者能够通过这套丛书,进一步关注我国腐蚀防护技术的发展,更好地了解和认识我国各个行业存在的腐蚀问题和防腐策略。

　　在此,非常感谢中国工程院的立项支持以及中国科学院海洋研究所等各课题承担单位在各个方面的协作,也衷心地感谢这套丛书的所有作者的辛勤工作以及科学出版社领导和相关工作人员的共同努力,这套丛书的顺利出版离不开每一位参与者的贡献与支持。

侯保荣

2015 年 9 月

前　言

　　寿命的本意是指从出生经过发育、成长、成熟、老化到死亡前机体生存的时间。对人类，通常以年龄来衡量寿命的长短，寿命长短取决于个体和环境因素。由于人与人之间的寿命有一定的差别，所以，在比较某个时期、地区或社会的人类寿命时，通常采用平均寿命的概念。平均寿命反映了一个国家的医学发展水平，可以表明社会的经济、文化的发达状况。

　　经过概念延伸，非生物体也具有寿命的内涵，例如社会中流通的货币就有使用寿命的问题；化学反应中参与反应的分子，也有寿命的概念。

　　材料是构成人类社会各种构件、装备和基础设施的有用物质，同样存在寿命问题。材料与人一样，一经出生，就存在"生老病死"，这就是寿命问题。我们现在所能见到的为数不多的七千多年前的石器、三千多年前的铜器、两千多年前的漆器和数百年前的铁器，可以称作材料中的"老寿星"了。对材料寿命威胁最大的莫过于腐蚀。腐蚀是材料与环境交互作用而失效的过程，完全可以认为是人类社会各种构件、装备和基础设施的退化过程，也是生产实践和生活中常见的一种自然现象；例如，工厂的设备、管道，交通工具火车、轮船等，家中常用的刀、金属工具、铁锅、钢窗、铁丝、铁钉等，使用一定时间后，会出现涂层脱落、金属生锈。常用的塑料制品也常出现变色、变脆、开裂等，也属于腐蚀现象。总之，材料腐蚀每时每刻都在静悄悄地发生，说腐蚀是材料的肿瘤也不为过，其中的恶性肿瘤，如点蚀、应力腐蚀等，会导致构件、装备和基础设施快速而突然地失效死亡。

　　腐蚀造成的材料直接损失相当严重。全世界每年由于腐蚀而造成报废的钢铁高达总产量的三分之一，其中大约有三分之一不能回收利用。腐蚀给人类造成的损失超过风灾、火灾、水灾和地震等自然灾害的总和。公认的数据表明，因腐蚀造成的损失高达国民生产总值的 3%～5%。据不完全统计，全球每年由于腐蚀带来的经济损失高达 4 万亿美元。我国目前的年腐蚀经济损失为 2 万亿人民币。

　　腐蚀在吞噬大量钢材的同时，在生产过程中还会造成设备的跑、冒、滴、漏，严重污染环境，甚至引发着火和爆炸，导致厂房、机器和设备破坏，酿成严重的事故。例如，在石油加工和化学工业的生产过程中，由于原料本身以及酸、碱、盐、有机溶剂等腐蚀性介质的影响，加之高温高压等工艺条件的多样性，设备腐蚀造成的后果往往很严重，轻则影响生产、停工处理，重则发生泄漏、中毒、着火、爆炸，殃及工厂安全，甚至造成重大人员伤亡、生态环境破坏等恶性事故，对人类社会产生巨大的危害。腐蚀问题直接影响许多新技术、新工艺的应用，尤其在化工产品开发方面，因腐蚀问题解决不了，致使一些新产品、新工艺迟迟不能投产的例子有很多。材料腐蚀是一个重大的社会不安全、不安定和降低社会运行效率的因素，材料腐蚀导致的次生灾害与损失大大高于其直接损失与灾害。材料腐蚀间接损失是其直接经济损失的两倍以上。

武器装备的腐蚀失效问题，是长期困扰各国军队的主要问题之一，军事装备的高质量和高可靠性是完成既定军事任务和保持战斗力的基本保障条件之一。由于武器在各种苛刻环境中引起的腐蚀失效问题造成装备彻底丧失战斗力的例子不胜枚举。

可见，材料腐蚀导致的次生灾害多么惨烈！虽然材料腐蚀每时每刻都在静悄悄地发生，但是材料腐蚀导致的次生灾害却不是静悄悄的！材料静悄悄地腐蚀和由此导致的损失和惨烈的次生灾害，要充分引起社会各界和广大民众的关注。

基于以上原因，准确预测材料腐蚀寿命十分重要。

本书所述研究工作针对我国海洋大气环境中材料腐蚀寿命研究的迫切需求，尝试提出环境腐蚀寿命的概念，在大量海洋大气环境暴露数据积累的基础上，结合金属大气腐蚀初期规律研究成果，力图建立系列化的室内腐蚀加速试验技术，以期比较准确地对金属海洋大气环境腐蚀寿命进行预测。这对评价材料海洋大气环境耐蚀性、海洋工程设计选材及腐蚀控制都具有非常重要的意义。

本系列研究工作是在科技部国家科技基础条件平台建设项目（No.2005DKA10400）、"973"计划项目（No.2014CB643300）、国家科技基础性工作专项（No.2012FY113000）和国家自然基金重点项目（No.51131005）的资助下完成的，在此一并感谢！感谢为我国材料大气环境腐蚀做过和正在继续做出各种贡献的单位和同志们，特别是师昌绪院士、王光雍教授、徐金堃教授和张三平研究员。

参加本书相关研究工作的有李晓刚教授、肖葵研究员、董超芳教授、高瑾研究员、程学群研究员、吴俊升研究员、杜翠薇教授、刘智勇副教授、卢琳副教授、刘安强博士、骆鸿博士、邢士波博士、崔中雨博士、吴军硕士、宋东东博士、郝献超博士、李涛博士、李朴华硕士等。由于受工作和认识的局限，本书存在一些不妥之处在所难免，敬请读者赐教与指正。

作　者

2016 年 5 月

目　　录

第1章 海洋大气腐蚀性分级

海洋大气环境极其复杂，随着地球经纬度和海岸地理条件的差异，温度、湿度、辐照度、氯离子浓度、盐度、污染物（如 SO_2）等主要环境因子及其耦合作用对材料腐蚀行为的影响差异很大，因此对其腐蚀特性与机理的认识不能一概而论，既有短期和长期作用的不同，又有对各种材料，例如碳钢和低合金耐候钢影响的不同。探讨海洋大气腐蚀机理，首先必须在长期实地观测的基础上，对海洋大气环境腐蚀进行分级分类研究，这是正确认识其腐蚀机理、准确估算腐蚀寿命和正确而低成本使用材料的前提与基础。

对金属材料大气腐蚀环境进行分级分类已经有了比较成熟的方法，就是从环境因子和金属腐蚀速率观测两方面进行金属大气腐蚀的分级分类。环境因子主要考虑金属表面润湿时间、氯离子和污染物的含量等；金属腐蚀速率观测主要以铁、锌、铅和铜的年腐蚀速率测量数据作为分级分类的依据。对我国大气环境腐蚀性分级分类的研究，已经有较多的工作积累，但是对包括南海在内的我国海洋大气腐蚀性分级分类工作的系统研究工作，尚未见报道[1]。

本章在已成熟的大气腐蚀分级分类方法的基础上，结合大量我国海洋大气环境的长期观测数据，选择 Q235 碳钢在包括西沙的海洋大气环境中长期暴露腐蚀的结果分析，对我国主要海域的海洋大气腐蚀特性和腐蚀分级分类进行了系统研究与归纳，力图为腐蚀寿命评估和正确选材提供依据。

1.1 海洋大气环境概述

海水含有大量盐类、溶解氧、二氧化碳、海洋生物和腐败的有机物，是有一定流速、盐度一般在 3.2%到 3.75%之间的电解质溶液。海水的平均电导率约为 $4 \times 10^{-2} S \cdot cm^{-1}$，远远超过河水（$2 \times 10^{-4} S \cdot cm^{-1}$）和雨水（$1 \times 10^{-5} S \cdot cm^{-1}$）。海水温度在 0~35℃之间变化。如我国青岛附近海域水温为 2.7~24.3℃，年平均气温为 13.6℃；南海榆林海域水温为 20.0~32.2℃，年平均气温为 27℃。在海面正常情况下，海水表面层被空气饱和。氧的浓度随水温变化大体在 5~10mg/L 范围内变化。海水中 pH 通常为 8.1~8.3，这些数值随海水深度而变化，如果植物茂盛导致 CO_2 减少，溶氧浓度上升，pH 接近 9.7。当在海底有厌氧细菌繁殖时，氧容量低且含有 H_2S，pH 常低于 7，局部区域可能更低。

　　海洋与大气其实是一个系统的两个方面，且相互作用十分复杂，海洋与大气相互作用的机制是：地球表面的太阳辐射有一半以上被海洋所吸收，在释放给大气之前，先被海洋贮存起来，并被洋流携带至各处重新分布。大气一方面从海洋获得能量，改变其运动状态；另一方面又通过风场把动能传给海洋，驱动洋流，使海洋热量再分配。这种热能转变为动能，再由动能转变为热能的过程，构成了复杂的海洋与大气相互作用。

　　海洋对大气的作用是热力作用；大气对海洋的作用是动力作用。海洋主要的输送物质能量的形式为洋流，大气则是大气环流。海洋与大气之间进行着大量且复杂的物质和能量交换，其中的水、热交换，对气候以至地理环境具有深刻的影响。海洋通过蒸发作用，向大气提供水汽。大气中约 86%的水汽是由海洋提供的。海洋水在太阳能的作用下变为水蒸气，海洋水变为大气水，在风力的作用下，飘到陆地上空，遇冷凝结，形成降雨。大气中的水以降水或径流的形式返回海洋，从而实现大气与海洋的水分交换。这就是一个水循环。浪花带起的海盐的细小微粒能够帮助高空水蒸气凝结成水滴或冰晶，形成云朵和细雨。

　　在海洋与大气的相互作用中，海洋大气的温度与湿度是两个最重要的指标，同时温度和湿度也是影响材料腐蚀的两个最重要的指标。另外，影响海洋大气中材料腐蚀的因素就是大气的成分。海水吸收二氧化碳，是巨大的碳储库，一方面是海水溶解二氧化碳，一方面是海水中自养生物光合作用吸收二氧化碳放出氧气。对二氧化硫、二氧化氮等气体的吸收就是硫循环和氮循环。其次是空气中的灰尘杂质进入大海后会在理化、生物作用下沉积在海底，经过几万年的积压后演化成为沉积岩。

海洋大气环境污染对材料腐蚀影响重大。大气污染物在大气中平均停留时间少至几分钟，多至几十年、百余年。大气污染主要来自生活污染源、工业污染源和交通运输污染源。大气污染物有数十种之多，主要大气污染物有颗粒物质、硫氧化物 SO_x、氮氧化物 NO_x、CO 和 CO_2 以及烃类 C_xH_y。

中国海洋大学何玉辉等的研究表明[2]，中国近海大气气溶胶中水溶性离子浓度较高的主要原因是东亚地区自然源和人为源的输入，同时，在合适的气象条件下这些高浓度的气溶胶通过大气输送到太平洋上空，进而影响大洋海区大气的化学组成和生态环境。主要研究结果如下：①2009 年黄海春季航次总悬浮颗粒物样品中主要水溶性离子的平均浓度变化顺序是：$SO_4^{2-} > NO_3^- > Cl^-$；$Na^+ > Ca^{2+} > Mg^{2+} > NH_4^+ > K^+$。2009 年夏季航次是：$SO_4^{2-} > NO_3^- > Cl^-$；$Na^+ > NH_4^+ > Mg^{2+} > Ca^{2+} > K^+$。2009 年冬季航次是：$NO_3^- > SO_4^{2-} > Cl^-$；$NH_4^+ > Na^+ > Ca^{2+} > Mg^{2+} > K^+$。综合分析发现黄海采集的样品受人为排放污染的影响程度较大。②2009 年东海春季航次样品中主要水溶性离子的平均浓度大小顺序为：$NO_3^- > SO_4^{2-} > Cl^-$；$Na^+ > Ca^{2+} > Mg^{2+} > NH_4^+ > K^+$。与黄海春季航次基本相似；秋季航次与冬季航次的平均浓度变化大体一致，大小顺序分别为：$SO_4^{2-} > NO_3^- > Cl^-$；$NH_4^+ > Na^+ > Ca^{2+} > Mg^{2+} > K^+$；和 $SO_4^{2-} > NO_3^- > Cl^-$；$NH_4^+ > Na^+ > Ca^{2+} > Mg^{2+} > K^+$。各航次中 SO_4^{2-} 的浓度比例基本维持在 30%左右，有所下降，而 NO_3^- 所占比例变化不大，说明了二次离子在大气输送过程中的亏损程度不同。③2009 年南海冬季航次气溶胶样品中二次离子与以上航次存在显著性变化，即二次离子所占比例明显低于海洋源离子。主要水溶性离子的平均浓度大小顺序为：$Cl^- > SO_4^{2-} > NO_3^-$；$Na^+ > NH_4^+ > Mg^{2+} > K^+ > Ca^{2+}$。海盐离子占总测定离子的比例高达 55%，说明南海海域采集的样品受人为活动影响程度相对较小。

以上研究结果是指海洋上空大气的情况，事实上，绝大部分海洋材料是在海岸线附近服役的，海岸线附近的海洋大气与海洋上的大气是有所区别的。主要表现在沿岸各种污染物浓度增加，距海岸线越远，氯离子浓度降低。表 1.1 给出了国家材料环境腐蚀平台在海南万宁观测的结果，结果表明，随着与海岸线之间的距离越来越远，海洋大气中氯离子浓度呈指数级别降低。

表 1.1　距海岸线不同距离氯离子浓度统计表

与海岸线距离/m	氯离子浓度 /[mg·(100cm³·d)⁻¹]
25	5.9988
95	1.3076
165	0.8571
235	0.2345
305	0.1608
375	0.0988

1.2　环境因素观测与海洋大气腐蚀性分级

国家材料环境腐蚀平台所属的海洋大气试验站分别为：青岛站、舟山站、琼海站、万宁站和西沙站。其中琼海站离海岸线的距离为 10km 左右，其余各站试验观测点都在海岸线上。表 1.2 给出各个海洋大气试验站长期观测得到的环境数据，其中西沙站是连续 4a 观测得到的平均值，其余各站是连续 16a 观测得到的平均值。从表 1.2 中结果可以看出，代表南海海洋大气环境的西沙站具有高温、高湿、高盐雾（Cl⁻沉积率）的特点，但是污染程度却很低；代表黄海海洋大气环境的青岛站具有高污染的特点，SO_2 沉积率高于其他各站 2 个数量级以上；代表东海海洋大气环境的舟山站虽然污染因素不及青岛站，但是其雨水的 pH 却明显低于其他各站，表现出显著的酸雨特性。以上环境因素特性将对金属腐蚀程度、机理和寿命造成决定性的影响。

表 1.2　各个海洋大气试验站的环境数据

站名	平均温度/℃	相对湿度/%	润湿时间/(h/a)	降雨量/(mm/a)	日照时间/(h/a)	Cl⁻沉积率/[mg/(100cm²·d)]	SO_2沉积率/[mg/(100cm²·d)]	雨水pH
青岛	12.5	71	4049	643	2078	0.250	1.184	4.58
舟山	16.7	75	5251	1317	1366	0.046	0.041	4.45
琼海	24.5	86	6314	1881	2116	0.784	0.150	6.90
万宁	24.6	86	6736	1563	2043	0.387	0.060	5.00
西沙	27.0	82	5600	1526	2675	1.123	< 0.001	6.50

为了对大气环境腐蚀性分类分级，国际标准化组织制定了大气腐蚀性分类标准 ISO 9223—2012。我国对大气环境腐蚀性分级分类进行了系列的研究，并利用积累的大量数据对典型地区大气腐蚀性进行了综合评价与分析。通过 ISO 9223—2012 标准，根据润湿时间、SO_2 含量、Cl^- 含量等因素来判断，按照污染物浓度和润湿时间进行环境分类，这种方法通过测定环境中 SO_2 或 Cl^- 的浓度及试样上润湿时间，分别划分环境污染类型，然后将环境污染类型和润湿时间类型综合起来评定腐蚀性。

海岸附近的大气中含有以盐为主的海盐粒子，距海岸线距离不同，氯离子浓度、温度、湿度、降雨量也会发生变化。一般认为，影响海洋大气腐蚀性的主要环境因素有两个：第一个是温度在 0℃ 以上时湿度超过临界湿度（80%）的时间——润湿时间（τ）；第二个是氯离子含量（S）。从我们最近的研究结果看，沿海的大气污染也上升为重要的因素。

在上述分级分类的工作中，润湿时间是一个重要的概念。润湿时间是指全年空气中温度高于临界温度、相对湿度高于临界相对湿度的总时间。ISO 9223—2012 润湿时间的统计方法为：温度大于 0℃，相对湿度大于 80% 的年总时数。其中，相对湿度的概念又变得重要了。相对湿度用 RH 表示，定义是单位体积空气内实际所含的水汽密度（用 d_1 表示）和同温度下饱和水汽密度（用 d_2 表示）的百分比，即 RH（%）=$d_1/d_2×100\%$；另一种计算方法是：实际的空气水汽压强（用 p_1 表示）和同温度下饱和水汽压强（用 p_2 表示）的百分比，即 RH（%）=$p_1/p_2×100\%$。在海洋大气腐蚀中的实际意义就是在金属表面形成连续分布水膜所需要的最低湿度，ISO 9223—2012 使用 RH 为 80% 的情况是指在没有遭受污染的空气情况下，事实上，在高温、高湿的南海大气环境中或有较多盐离子污染的空气中，由于盐离子在金属表面的吸附作用，在金属表面形成连续分布水膜所需要的最低湿度值会大大下降，在南海大气环境中可以降到 65% 或更低。表 1.2 中有关润湿时间的数据都是以 RH 为 80% 的情况获得的，实际润湿时间数据应该要大于这些数据。

表 1.3 给出了各个海洋大气试验站按照环境观测因子对其腐蚀等级进行分级

分类的结果。高温、高湿和高盐雾的西沙站和具有高污染特点的青岛站，腐蚀等级最高，为 5 级；表现出明显酸雨特性的舟山站为 3 级，这一结论偏于保守，原因是 ISO 9223—2012 标准中按环境分级分类方法中，考虑酸雨的因素偏少；万宁站和琼海站虽然都是 3 或 4 级，但是万宁站的大气腐蚀明显高于琼海站。

表 1.3　各个海洋大气试验站腐蚀等级

站名	氯离子浓度 /[mg/（100cm²·d）]		二氧化硫浓度 /[mg/（100cm²·d）]		润湿时间 /（h/a）		腐蚀等级
青岛	0.250	S_1	1.184	P_3	4049	τ_4	5
舟山	0.046	S_1	0.046	P_0	5251	τ_4	3
琼海	0.199	S_1	0.199	P_1	6314	τ_5	3 或 4
万宁	0.387	S_1	0.387	P_2	6736	τ_5	3 或 4
西沙	1.123	S_2	<0.001	P_0	5600	τ_5	5

1.3　腐蚀暴露试验与海洋大气腐蚀性分级

根据 Q235 碳钢和 Q450 耐候钢在 1983～2002 年、1992～1996 年和 1998～2002 年三个不同时段，在国家材料环境腐蚀平台青岛海洋大气试验站的投样暴露结果，得到的腐蚀动力学曲线如图 1.1 所示。从图 1.1 中可以看出，Q235 碳钢和 Q450 耐候钢在 1992～1996 年和 1998～2002 年两个时间段 4a 内的腐蚀速率明显高于 1983～2002 年时间段同期的腐蚀速率，对环境因素的分析表明，这是由于污染加重造成的。

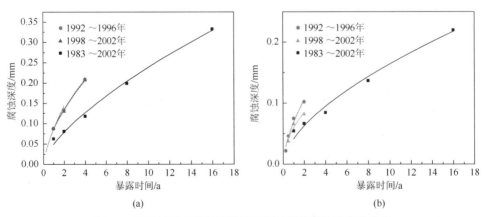

图 1.1　不同材料在青岛试验站不同时期的腐蚀动力学曲线

（a）Q235 碳钢；（b）Q450 耐候钢

根据 Q235 碳钢和 Q450 耐候钢 1998～2002 年的琼海、青岛、西沙和 1998～2001 年的万宁的暴露试验分析结果，确定在不同海洋大气试验站的腐蚀动力学曲线如图 1.2 所示。从图 1.2 可以看出，至少在暴露试验的前 4a 内，Q235 碳钢和 Q450 耐候钢在青岛站的腐蚀速率最大，高于西沙站的腐蚀速率。万宁和琼海站的腐蚀速率比青岛和西沙站要小。

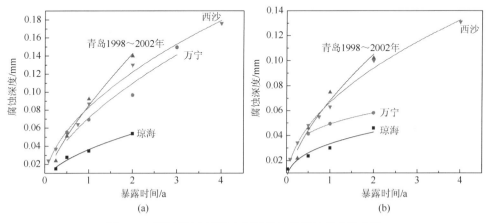

图 1.2　不同材料在不同大气试验站的腐蚀动力学曲线
(a) Q235 碳钢；(b) Q450 耐候钢

图 1.3 给出了根据 1992～1996 年的琼海、青岛和万宁及 1998～2002 年的西沙的暴露试验分析结果确定 6 种不同的低合金钢在不同大气试验站长期暴露试验的腐蚀动力学曲线，从图 1.3 中可以看出，对于 6 种不同的低合金钢，腐蚀动力学曲线基本相同，都是在南海万宁站的长期暴露腐蚀速率一直呈较高的增加态势，大约都是在暴露 2a 后，其腐蚀速率超过青岛站的腐蚀速率，并且腐蚀速率继续保持较高的增速。

图 1.4 给出了根据 1983～2002 年的琼海、青岛和万宁的暴露试验分析结果，确定的两种不锈钢在不同大气试验站的腐蚀动力学曲线。从图 1.4 中可以看出，两种不锈钢在青岛站的腐蚀速率明显低于万宁站和琼海站。

图 1.5 和图 1.6 给出了 Q235 碳钢在西沙和青岛暴露 1a 腐蚀产物形貌。西沙的腐蚀产物疏松多裂纹，不致密，成分分析结果表明只含有较多的 Cl⁻ 离子，表现出纯粹的高温、高湿海洋大气腐蚀特性。青岛的腐蚀产物比较致密，含有较多的硫元素和碳酸根离子，表示受空气污染成分的影响较大。

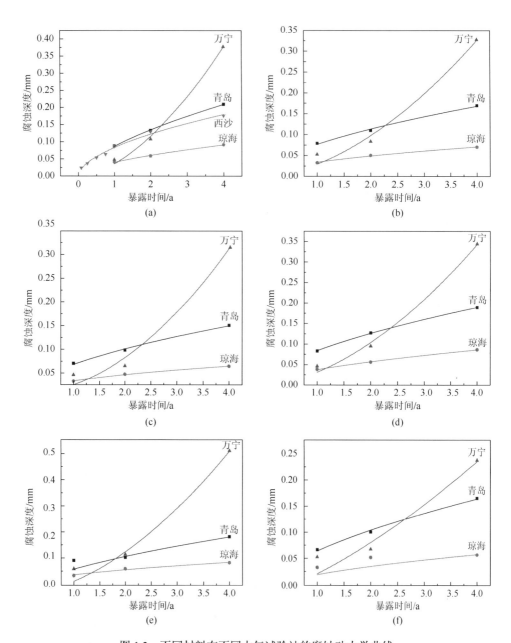

图 1.3　不同材料在不同大气试验站的腐蚀动力学曲线

（a）Q235 碳钢；（b）JN235（RE）钢；（c）JN255（RE）钢；（d）JN255（RE）钢；
（e）JY235（RE）钢；（f）JN345（RE）钢

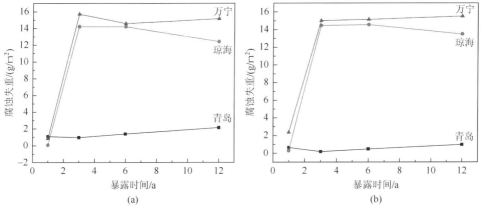

图 1.4　不锈钢在不同大气试验站的腐蚀失重

（a）00Cr17AlTi；（b）1Cr18Ni9Ti

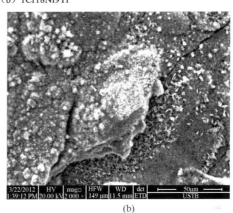

（a）　　　　　　　　　　　　　　　　　（b）

图 1.5　Q235 碳钢在西沙暴露 1a 腐蚀产物形貌

（a）锈层截面；（b）锈层表面

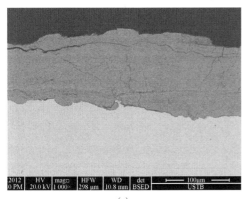

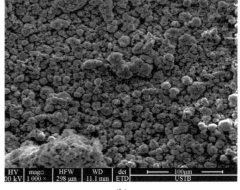

（a）　　　　　　　　　　　　　　　　　（b）

图 1.6　Q235 碳钢在青岛暴露 1a 腐蚀产物形貌

（a）锈层截面；（b）锈层表面

以上各种材料在青岛、万宁、琼海和西沙的暴露试验结果表明，金属材料在青岛站、万宁站和西沙站的海洋大气腐蚀机理及其影响因素存在明显的差异。

在海洋大气中裸露碳钢的腐蚀速率是较大的，在任何海洋大气环境中暴露，几天后即布满黄锈，随着时间延续，锈蚀不断发展。在一般大气环境中，锈层具有一定保护作用，腐蚀速率随时间的增长逐渐降低，最后趋向一个稳定值。多年来，世界各国积累了大量钢种的海洋大气腐蚀暴露数据。钢的海洋大气腐蚀的发展遵循幂函数规律：

$$D=At^n \qquad\qquad (1.1)$$

式中，D 为腐蚀深度；t 为暴露时间；A，n 为常数。

A 值相当于第一年的腐蚀速率，主要与环境有关，随污染程度加大而增大；其次，A 值与钢种有关，随合金含量增加而降低，但差别不大。其数值可在 0.02～0.10mm 的范围内变化。n 值表征腐蚀的发展趋势，n 值随钢种和环境变化极大，n 值最低可为 0.3，最高可达 1.89。当 n 值大于 1 时，腐蚀是不断加速的过程。长期暴露数据得到，青岛站：$A=0.085$mm；$n=0.57$。琼海站：$A=0.024$mm；$n=1.03$。万宁站：$A=0.033$mm；$n=1.60$。表 1.4 和表 1.5 给出了巴西热带海洋距海岸不同距离处碳钢和耐候钢的 A 值、n 值试验结果。

表 1.4　距海岸不同距离处碳钢的 A 值、n 值

国家	地点	环境特征	离海岸距离/m	A/mm	n
巴西	阿拉卡茹 1	热带，海洋	100	0.548	1.16
	阿拉卡茹 2	热带，海洋	600	0.023	0.70
	阿拉卡茹 3	热带，海洋	1100	0.020	0.71

表 1.5　距海岸不同距离处耐候钢的 A 值、n 值

国家	地点	环境特征	离海岸距离/m	A/mm	n
巴西	阿拉卡茹 1	热带，海洋	100	0.323	1.10
	阿拉卡茹 2	热带，海洋	600	0.018	0.64
	阿拉卡茹 3	热带，海洋	1100	0.016	0.75

综合以上试验结果，表 1.6 给出了 Q235 碳钢在青岛站、舟山站、万宁站、琼

海站和西沙站的年腐蚀速率，并根据 ISO 9223—2012 标准确定了各个大气试验站对应海域的海洋大气的腐蚀等级。由表 1.6 的结果知，青岛站和西沙站的大气腐蚀等级在 5 级；万宁站和琼海站的大气腐蚀等级为 4 级；舟山站的大气腐蚀等级为 3 级。这些结论与按照环境划分的腐蚀等级结果基本是一致的。

表 1.6　根据腐蚀速率确定各个大气试验站的腐蚀等级[3]

站名	Q235 碳钢腐蚀深度/μm	腐蚀等级
青岛	92.2	5
舟山	36.0	3
万宁	69.3	4
琼海	54.7	4
西沙	87.0	5

1.4　结　　论

根据青岛、琼海、万宁和西沙各海洋大气试验站的环境数据长期观测的结果，确定青岛及西沙的腐蚀等级为 5 级；琼海和万宁都为 3 或 4 级；舟山为 3 级。根据 Q235 碳钢在青岛、琼海、万宁和西沙各海洋大气试验站暴露试验 1a 的腐蚀速率，确定青岛和西沙腐蚀等级为 5 级；琼海和万宁为 4 级；舟山为 3 级。这与按照环境划分的腐蚀等级结果基本是一致的。钢铁材料在青岛、琼海、万宁和西沙各海洋大气试验站暴露试验的 1～2a 内，青岛地区腐蚀速率较大，主要是由于污染因素影响大。各个大气试验站的腐蚀等级关系为：青岛＞西沙＞万宁＞琼海。暴露试验的 3～8a 后，高温高湿纯海洋气候的万宁站的腐蚀速率上升更快。

参 考 文 献

[1]　曹楚南. 中国材料自然环境腐蚀[M]. 北京：化学工业出版社，2005.

[2]　何玉辉. 冬季中国东海大气气溶胶中水溶性离子的组成与来源分析[C]//中国海洋湖沼学会水环境分会 2010 年学术年会，黄山，2010.

[3]　刘安强. 碳钢在西沙海洋大气环境下的腐蚀机理[D]. 北京：北京科技大学博士学位论文，2012：12.

第2章 碳钢海洋大气腐蚀行为与机理

海洋资源开发、海上交通运输、基础设施建设，涉及港口码头、采油平台、跨海大桥、大型船舶等广阔的海洋工程设施领域，这些设施通常都是由钢铁结构或钢筋混凝土结构构成的。而海洋腐蚀严重威胁着这些海洋工程设施的安全。因此研究钢铁材料在西沙严酷海洋环境及室内加速腐蚀环境下的腐蚀行为并建立腐蚀预测模型，对评价金属材料抗严酷海洋大气环境的适应性、可靠性及寿命预测具有非常重要的意义。但是对包括南海在内的我国海洋大气腐蚀性分级分类工作及其腐蚀机理的系统研究工作，尚未见报道。

结合碳钢在西沙和青岛海洋大气长期暴露腐蚀行为分析的结果，以及室内控制气体气氛的腐蚀试验，我们对碳钢在我国主要海域的海洋大气腐蚀机理及其分类进行了系统研究，力图探索我国海洋大气腐蚀机理，为腐蚀寿命评估和正确选材提供依据。

2.1 碳钢在青岛和西沙海洋大气环境中的腐蚀行为

在西沙大气环境中暴露 1 个月时，碳钢表面就已被锈层完全覆盖，锈层覆盖物呈现出比较均匀的棕褐色。暴露 6 个月时，锈层逐渐变厚，锈层颜色呈暗褐色，且有明显的脱落痕迹。暴露 12 个月时，表面锈层呈棕红色，锈层变得疏松。暴露 48 个月时，锈层中出现了浅绿色的铁锈，存在明显的剥落现象。

Q235 碳钢在西沙大气环境中暴露 1 个月后，碳钢试样表面已经没有裸露基体，局部出现了比较均匀的腐蚀产物。暴露 6 个月后，表面局部区域形成了胞状腐蚀产物，试样表面高低起伏较大。图 2.1 为暴露 12 个月后锈层表面 SEM 照片。当暴露 12 个月后，出现了颗粒状腐蚀产物，腐蚀产物层出现了明显分层，同时伴随着裂纹的产生。对锈层表面典型区域进行成分分析结果表明，锈层中除了 Fe、O、Cl 和 C 元素外，还发现了 Ca 元素，说明大气环境中的灰尘粒子、砂石等颗粒物渗透锈层，转变成低溶性化合物沉积在锈层中。

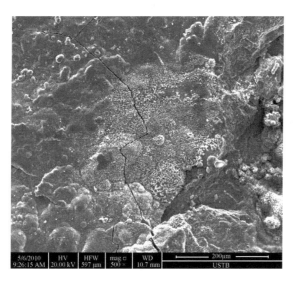

图 2.1　Q235 碳钢在西沙大气环境中暴露 12 个月的锈层表面微观形貌[1]

图 2.2 为 Q235 碳钢在西沙大气环境中暴露 12 个月后锈层截面 SEM 图。锈层结构疏松不致密，锈层中有大量裂纹。

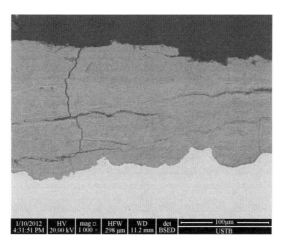

图 2.2　Q235 碳钢在西沙大气环境中暴露 12 个月的锈层截面微观形貌[1]

对 Q235 碳钢在西沙大气环境中暴露不同时间后腐蚀产物进行 XRD（X-ray diffraction，X 射线衍射）分析如图 2.3 所示，暴露 1 个月后，腐蚀产物主要由 γ-FeOOH、β-FeOOH、Fe_3O_4 及少量的 FeOCl 组成；暴露 6 个月后，腐蚀产物的主要组成基本不变，出现了 $CaCO_3$；暴露 12 个月后，腐蚀产物除了 γ-FeOOH、β-FeOOH、Fe_3O_4 和 $CaCO_3$ 以外，还生成了 $Fe_2(SiO_4)$ 及少量的 α-FeOOH；暴露 48 个月后锈层中的组分与暴露 12 个月相比，腐蚀产物的组成变化不大。β-FeOOH 的存在通常可促进 Cl^- 在锈层中的扩散。β-FeOOH、γ-FeOOH 是不稳定的产物，客观上增加了阴极反应的活性区域，对钢的基体腐蚀具有促进作用。α-FeOOH 是一种相对稳定的结构，随着其含量的增加，锈层的稳定性会进一步增强。

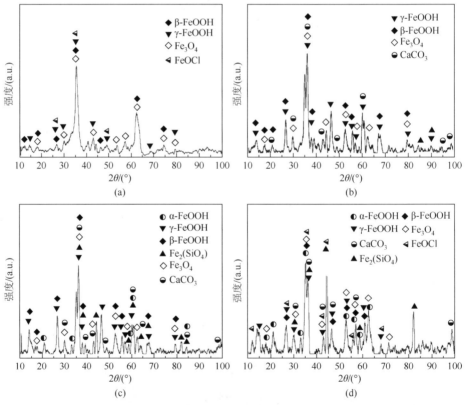

图 2.3　Q235 碳钢在西沙大气中暴露不同时间后腐蚀产物的 XRD 图谱[1]

（a）1 个月；（b）6 个月；（c）12 个月；（d）48 个月

对在西沙大气环境中暴露 6 个月和 48 个月后的 Q235 碳钢锈层截面进行 Cl 元素的线性扫描分析，结果表明，锈层的最外层 Cl 元素含量较高。暴露 6 个月后，Cl 元素已经扩散到了锈层的内部。暴露 48 个月后，锈层内部的 Cl 元素含量没有减少，表明随着暴露时间的延长、锈层厚度的增加，不能有效阻止 Cl 元素渗透到锈层内部。Cl 元素的存在不仅促进有害的 β-FeOOH 的生成，而且 Cl 元素的沉淀物会破坏锈层的均一性，降低锈层的保护性，进一步加速钢的腐蚀。

Q450 耐候钢在西沙大气环境中暴露 1 个月时，表面已完全被锈层覆盖，锈层均匀，没有出现脱落。当暴露 6 和 12 个月后，锈层颜色逐渐变深，锈层变得疏松且发生明显脱落。暴露 48 个月后，锈层颜色发生明显变化，呈黄褐色和浅绿色交替，锈层变得较为致密。

图 2.4 为 Q450 耐候钢在西沙大气环境中暴露 12 个月的 SEM 图。暴露 1 个月后，试样表面已经被较为均匀、致密的刺状腐蚀产物覆盖。暴露 6 个月后，锈层表面变得模糊，局部区域出现了明显的鼓包，试样表面高低起伏较大。当暴露 12 个月后，表面生成了细小、均匀的颗粒状腐蚀产物，同时腐蚀产物层中产生了裂纹。暴露 48 个月后，锈层逐渐变得致密光滑，呈现出片层状结构。

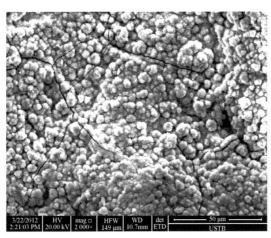

图 2.4 Q450 耐候钢在西沙大气环境中暴露 12 个月后锈层表面微观形貌[1]

对锈层表面进行成分分析，结果表明，腐蚀产物含有 Fe、O、Cl、S 和 Mn 元素；暴露 6 个月后，腐蚀产物成分与暴露 1 个月后的相比，没有发生明显变化。

暴露12个月后，腐蚀产物的成分变化不大，其中Cl⁻的含量有所减小，表明随着锈层厚度的增加在一定程度上阻止了Cl⁻向基体的扩散，降低了腐蚀速率。暴露48个月后，腐蚀产物由Fe和O元素组成，没有检测到Cl元素。

图2.5为Q450耐候钢在西沙大气环境中暴露12个月后锈层截面SEM图。暴露1个月后，锈层中出现了裂纹。暴露6个月后，锈层厚度有所增加，并出现了分层，锈层厚度不均匀。当暴露12和48个月后，锈层厚度明显增加，裂纹减少。随着暴露时间的延长，暴露至48个月时，锈层出现了明显的内外双锈层结构，内锈层致密，外锈层疏松，且有夹杂物存在。

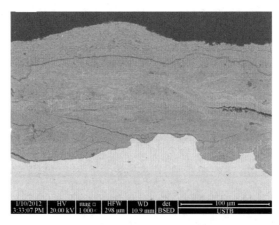

图2.5　Q450耐候钢在西沙大气环境中暴露12个月后锈层截面微观形貌[1]

对Q450耐候钢在西沙大气环境中暴露不同时间腐蚀产物进行XRD分析，结果如图2.6所示。暴露1和6个月后，腐蚀产物主要由γ-FeOOH、β-FeOOH、Fe_3O_4和$Fe_2(SiO_4)$组成；暴露12个月后样品腐蚀产物主要由α-FeOOH、γ-FeOOH、β-FeOOH、Fe_3O_4、$CaCO_3$和FeOCl组成。暴露48个月后，锈层中β-FeOOH消失，表明随着暴露时间的延长，初期生成不稳定的β-FeOOH逐步转变为亚稳态的γ-FeOOH和稳定的Fe_3O_4和α-FeOOH，α-FeOOH是一种相对稳定的结构。

对在西沙大气环境中暴露6个月和48个月后的Q450耐候钢锈层截面进行Cl元素的线性扫描，结果可以看出，Q450耐候钢暴露48个月后，内锈层中Cl元素含量较低，随锈层厚度增加没有发生明显变化。与Q235碳钢在西沙大气环境中暴

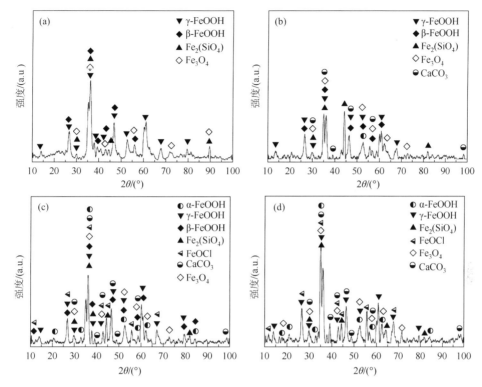

图 2.6　Q450 耐候钢在西沙大气环境中暴露不同时间后腐蚀产物的 XRD 图谱[1]

（a）1 个月；（b）6 个月；（c）12 个月；（d）48 个月

露后的试验结果相比，Q450 耐候钢锈层中 Cl 元素含量较低，这表明 Q450 耐候钢表面形成的致密的内锈层有效阻止了 Cl 元素渗透到锈层内部，降低了 Q450 耐候钢的腐蚀速率。

但在青岛海洋大气试验站的挂片 1a 的 Q450 耐候钢表面锈层的分析表明：并未发现 β-FeOOH，Q450 耐候钢表面锈层的内层主要由 α-FeOOH 组成，Q450 耐候钢表面外锈层和 Q235 碳钢表面锈层为 α-FeOOH、γ-FeOOH、Fe_3O_4，这些特征与西沙站 1a 暴露试样表面锈层结构非常相似。在整个锈层截面有 Cl 和 Si 的均匀分布，锈层中的 Si 主要来自于大气中的灰尘。但在西沙试样锈层表面，发现 Cl 富集于锈层中的裂纹处，锈层中 Cl 的分布不像青岛 Q450 耐候钢挂片锈层中那样均匀，且含量明显高于青岛试样中 Cl 元素的含量。从中看出只要有 Cl 存在的部位，锈层就会开裂且疏松。西沙和青岛两地挂片锈层成分最大的区别在于 S 元素，青岛试样中含有大量的 S 元素且都分布于锈层表面,即锈层逐渐疏松粉化的表面。这主要是青岛地区近年来海洋大气污染明显加重造成的。分析认为 S 的存在是以 $FeSO_4$ 的形态存在的,该物质与钢铁表面组成如下的自循环反应而加速钢铁表面电化学腐蚀过程。

在干湿交替的大气环境中,随着表面 pH 以及其他合金元素的影响,钢铁表面电化学腐蚀反应产物会表现出各种不同的形态。在锈层分析中发现 Cl⁻的存在会明显加速这一转化过程,即 α-FeOOH 趋向于锈层内部分布,同时 Cr 的存在会使 α-FeOOH 锈层具有阳离子选择性,即阻止 Cl⁻、SO_4^{2-} 向基体表面的渗透,从而使锈层具有保护作用。

从对两地挂片的腐蚀减薄厚度的测定可以看出,由于锈层中高温高湿高 Cl⁻含量而降低基体电位,使西沙的试样以每年几乎相同的腐蚀速率腐蚀(腐蚀减薄厚度与时间的线性关系)。青岛试样最初由于 S 和 Cl 的联合作用而使其腐蚀减薄厚度较西沙试样大,但随着锈层厚度的增加,这一反应过程的速率降低,使 Q450 耐候钢表面锈层向保护性锈层方向发展。因此,相同的暴露时间,在暴露的前 1~2a 内,碳钢在青岛海洋大气环境中的腐蚀速率要大于西沙海洋大气中的腐蚀速率;2a 后,由于锈层中高温高湿高 Cl⁻含量持续作用,西沙海洋大气中的腐蚀速率逐渐超过青岛海洋大气中的腐蚀速率;随着时间的推移,西沙海洋大气中的腐蚀速率大大超过青岛海洋大气中的腐蚀速率。

2.2　碳钢在室内模拟大气环境中的腐蚀行为

图 2.7 是 Q235 碳钢在 95%RH 和 25℃纯空气条件下 Q235 碳钢表面沉积一定含量 NaCl 的腐蚀动力学曲线,Q235 碳钢腐蚀初期增重较快,后期增长开始减弱。腐蚀特征为:腐蚀 6h 后表面形成一些丝状腐蚀产物,且主要沿着划痕的方向;腐蚀 24h 后丝状腐蚀产物延伸并在其上形成一些不规则黄褐色球状腐蚀产物。

随着腐蚀时间的延长,腐蚀产物增多,呈现明显不均匀的凹凸形状且变得较为密集。对腐蚀 480h 后的表面进行放大观察,会发现产物膜上存在细微裂缝,这为水、氧等腐蚀性介质的进入提供了通道,促进了反应的进一步进行。腐蚀的微观过程如图 2.8 所示。

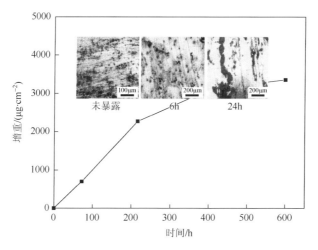

图 2.7　95%RH 和 25℃条件下 NaCl 处理的 Q235 碳钢在纯空气中的腐蚀动力学曲线[2]

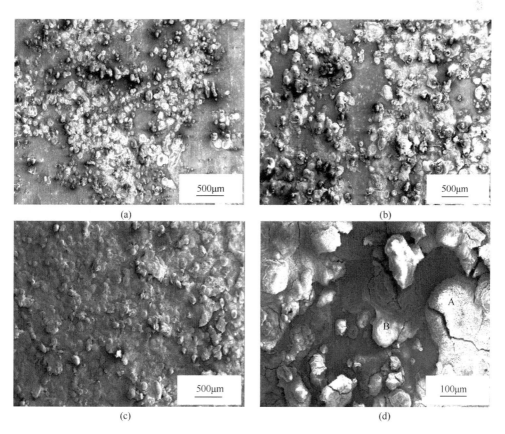

图 2.8　NaCl 处理的 Q235 碳钢腐蚀不同时间表面形貌图[2]

（a）120h；（b）360h；（c）480h；（d）480h（放大）

图 2.9 是在 95%RH，0ppm*、5ppm、50ppm SO$_2$ 大气环境中，Q235 碳钢腐蚀增重随时间的变化。随着 SO$_2$ 浓度的增加，代表污染加重，碳钢腐蚀加速。腐蚀特征为：首先在活性区域形成条状腐蚀产物，随着腐蚀的不断进行，将形成团状腐蚀产物并长大。随 SO$_2$ 浓度的增加，腐蚀加剧，出现以上腐蚀特征的时间越来越短。

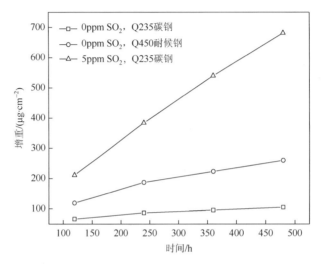

图 2.9　95%RH，SO$_2$ 污染与 Q235 碳钢腐蚀增重随时间的变化[2]

图 2.10 是 Q235 碳钢在模拟污染大气环境中的腐蚀形貌。在 5ppm SO$_2$+1% CO$_2$ 大气环境中，120h 后出现颗粒状腐蚀物，局部出现腐蚀产物聚集；360h 后出现大面积片状腐蚀产物，片状腐蚀产物出现龟裂现象，裂纹处产生胞状或块状腐蚀产物。在 50ppm SO$_2$+1% CO$_2$ 大气环境中，120h 后形成胞状腐蚀产物的聚集区；360h 后腐蚀产物形貌以大尺寸的块状腐蚀产物聚集为主，许多条状腐蚀产物向外延伸。这种两种污染气体联合作用的腐蚀，比单一的污染体系的腐蚀速率高出了一个数量级。图 2.11 是沉积 NaCl 颗粒 Q235 碳钢在 SO$_2$+CO$_2$ 污染气氛中的腐蚀动力学曲线，由图可知，在 SO$_2$+CO$_2$+NaCl 环境 Q235 碳钢的腐蚀速率达到很高的数值，比在 SO$_2$+CO$_2$ 污染气氛中的腐蚀速率又整整高出一个数量级。腐蚀初期，NaCl 颗粒沉积促进碳钢初期大气腐蚀进行，在 SO$_2$ 和 CO$_2$ 联合作用下，大大增加

了碳钢的腐蚀速率。这种环境情况与青岛海洋大气类似，这就是青岛地区的海洋大气腐蚀性在腐蚀早期高于西沙地区的原因。腐蚀特征如图 2.12 所示，48h 表面 NaCl 颗粒沉积区域腐蚀产物聚集；240h 出现大尺寸块状龟裂腐蚀产物以及草状腐蚀产物；360h 主要以大尺寸块状腐蚀产物聚集为主。这种过程明显快于在 SO_2+CO_2 污染气氛中的腐蚀过程。但是，由于多元腐蚀因素联合作用，形成的腐蚀产物致密，可以阻止腐蚀的进一步发生。这同样可以解释为什么暴露 2a 后，西沙海洋大气腐蚀速率逐渐高于青岛地区海洋大气腐蚀速率。

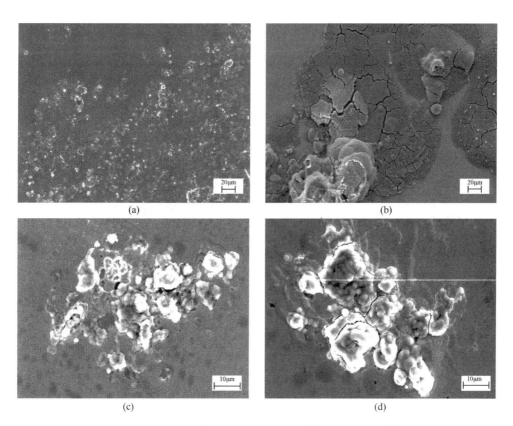

(a)　　　　　　　　　　　　　(b)

(c)　　　　　　　　　　　　　(d)

图 2.10　Q235 碳钢在模拟污染大气环境中的腐蚀形貌[3]

（a）5ppm SO_2+1% CO_2，120h；（b）5ppm SO_2+1% CO_2，360h；（c）50ppm SO_2+1% CO_2，120h；
（d）50ppm SO_2+1% CO_2，360h

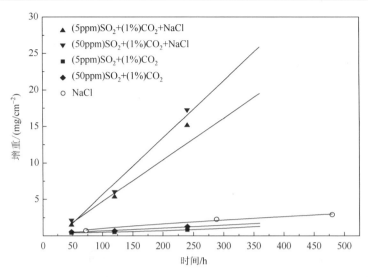

图 2.11　沉积 NaCl 颗粒 Q235 碳钢在 SO_2+CO_2 中的腐蚀动力学曲线[3]

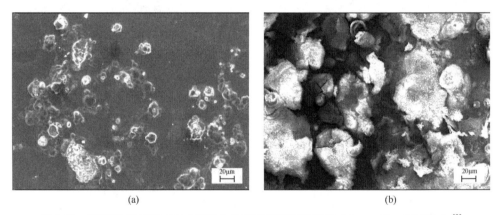

(a)　　　　　　　　　　　　　　　　　　　(b)

图 2.12　沉积 NaCl 颗粒 Q235 碳钢大气腐蚀初期腐蚀形貌（5ppm SO_2+1% CO_2）[3]

（a）48h；（b）360h

2.3　碳钢在西沙和青岛海洋大气环境中的腐蚀机理

综合上述分析，我国海洋大气腐蚀的典型机理主要可以分为高温、高湿、高盐雾海洋大气腐蚀机理和污染海洋大气腐蚀机理。

西沙拥有我国最恶劣的海洋环境条件，是我国典型的高温、高湿、高盐雾地区，恰似一个天然环境加速试验室。西沙永兴岛的海洋大气腐蚀适用高温、高湿、高盐雾海洋大气腐蚀机理。永兴岛四面环海，没有遮挡物，风力很大，大风卷起砂石吹落到样品表面。在海洋大气环境中，较高浓度的盐分悬浮于大气中、混合于尘土中，在西沙高湿环境中混合了盐分的沙石灰尘特别容易黏附在金属表面。当环境中的湿度达到它们的临界相对湿度时，发生盐粒子的潮解，释放出 Cl^-。在盐粒子潮解区，氧浓度逐渐降低，发生 Fe 的阳极溶解反应，在盐粒子沉积附近区发生氧的阴极还原反应。初期腐蚀机理如图 2.13 所示。

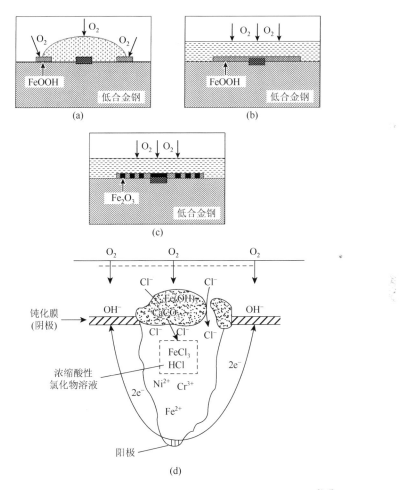

图 2.13　低合金钢在湿热海洋大气环境中初期腐蚀机理示意图[1,4]

$$Fe \longrightarrow Fe^{2+}+2e \tag{2.1}$$

$$O_2+2H_2O+4e \longrightarrow 4OH^- \tag{2.2}$$

$$(Na, Mg, K, Ca)Cl_n \longrightarrow Na^+ + Mg^{2+} + K^+ + Ca^{2+} + nCl^- \qquad (2.3)$$

$$Fe^{2+} + 2OH^- \longrightarrow Fe(OH)_2 \qquad (2.4)$$

$$Fe(OH)_2 + O_2 \longrightarrow Fe_2O_3 \cdot H_2O \qquad (2.5)$$

$$Fe(OH)_2 + O_2 \longrightarrow FeOOH \qquad (2.6)$$

随着腐蚀的进行，Na^+、Mg^{2+}、Fe^{2+} 等向阴极区域移动，OH^-、Cl^- 向阳极溶解区移动，在活性阳极区的附近生成 $Fe(OH)_2$。由于 $FeCl_n$ 发生水解形成盐酸，使得局部呈现酸性或弱酸性，在这种条件下，不利于生成具有保护性的铁的氢氧化物，形成含有二价和三价 Fe 的中间产物绿锈，这种中间产物脱水后被 O_2 氧化成 γ-FeOOH，β-FeOOH。起初阳极区和阴极区在空间上是分离的，但由于腐蚀产物疏松多孔，大量 Cl^- 渗入到锈层中，进一步激活更多的阳极区，同时在离子迁移过程中也会形成新的阳极区。原来的阳极区和阴极区越来越近，最后变成一个大的阳极区，直至腐蚀产物覆盖整个钢表面。随着暴露时间的延长，锈层不断增厚，电化学机制开始起主要作用。最后反应生成 β-FeOOH、γ-FeOOH、α-FeOOH 和 Fe_3O_4。由于 β-FeOOH、γ-FeOOH 和 Fe_3O_4 具有一定的还原性，会降低锈层的保护性。

大量 Cl^- 渗入到锈层中，由于腐蚀产物的水解效应，将产生强烈的闭塞效应，图 2.13（d）是碳钢在 NaCl 薄液中点蚀的闭塞电池示意图[4-6]，点蚀孔外 Cl^- 迁入孔内，点蚀孔内金属离子水解，pH 和闭塞电池内阻降低，使点蚀孔壁金属继续溶解，无法阻止腐蚀的进一步发生，后期腐蚀速率仍很高。

另一种主要海洋大气腐蚀机理是以青岛地区为代表的污染海洋大气腐蚀机理。当存在 $SO_2 + CO_2$ 污染和有 NaCl 沉积时，钢在潮湿大气环境中的初期腐蚀机理如图 2.14 所示[2]。NaCl 沉积加速大气中的水汽分子在金属表面凝结和形成水滴的过程。空气中的氧气和 SO_2 在边缘容易传输，因此水滴边缘氧和 SO_2 浓度高于中心部分的氧浓度，SO_2 水解 SO_4^{2-} 形成了酸性的氧浓差电池，腐蚀电流从低氧浓度区域流向高氧浓度区域，中心区域作为阳极反应区域发生铁的阳极溶解反应，而边缘区域作为阴极反应区域发生氧去极化反应。

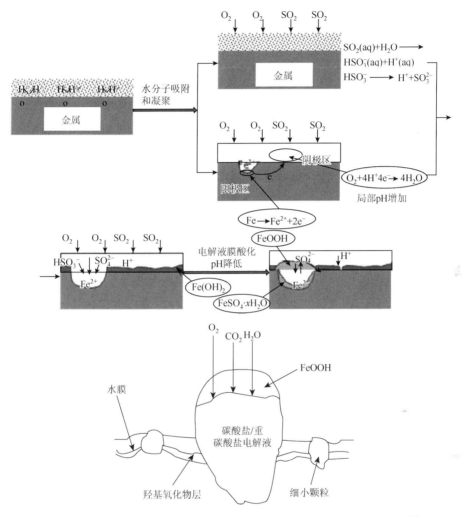

图 2.14　含 SO_2 污染大气环境中钢表面薄液膜中的腐蚀过程示意图[2]

$$HSO_3^-(aq) + \frac{1}{2}O_2 \longrightarrow SO_4^{2-} + H^+(aq) \qquad (2.7)$$

$$Fe^{2+} + SO_4^{2-}(aq) + xH_2O \longrightarrow FeSO_4 \cdot xH_2O \qquad (2.8)$$

$$4FeSO_4 \cdot xH_2O + O_2 + (6-4x)H_2O \longrightarrow 4FeOOH + 4H_2SO_4 \qquad (2.9)$$

$$阳极反应：Fe \longrightarrow Fe^{2+} + 2e \qquad (2.10)$$

$$阴极反应：2Fe(OH)_2 + \frac{1}{2}O_2 \longrightarrow 2FeOOH + H_2O \qquad (2.11)$$

FeOOH 的逐渐增多，腐蚀产物在表面累积，表面活性区域减少，后期腐蚀减缓。CO_2 也基本按照同样的过程，形成碳酸盐参与到化学反应过程，在腐蚀产物中形成突出状的碳酸盐腐蚀产物并逐渐水解成 FeOOH，使 FeOOH 的数量增加，腐蚀产物更加致密，其作用是可以减缓腐蚀过程的进一步发生。

2.4　结　　论

我国典型海洋大气腐蚀机理分为高温高湿高盐雾海洋大气腐蚀和污染海洋大气腐蚀，代表性地区分别为西沙和青岛。高温高湿海洋大气环境中钢在 NaCl 溶液中点蚀的闭塞电池效应使金属的后期腐蚀仍较强；污染海洋大气环境中初期由于 pH 的降低，腐蚀速率增大，后期由于腐蚀产物 FeOOH 的累积，表面活性区域减少，腐蚀速率减小。

参 考 文 献

[1]　刘安强. 碳钢在西沙海洋大气环境下的腐蚀机理[D]. 北京：北京科技大学博士学位论文，2012：12.

[2]　林翠. 金属材料在典型污染大气环境中腐蚀初期行为和机理研究[D]. 北京：北京科技大学博士学位论文，2004：5.

[3]　肖葵. 典型金属材料大气腐蚀初期行为和机理研究[D]. 北京：北京科技大学博士学位论文，2008：6.

[4]　Thomas R J. Monitoring Microbial Fouling and Corrosion Problems in Industrial Systems[J]. Corrosion Reviews. 1999，17（1）：1.

[5]　Brown B F. Solution Chemistry within Stress-corrosion Cracks in Alloy Steels[J]. Corrosion Science，1970，10（12）：839-841.

[6]　Fontana M G，Greene N D. Corrosion Engineering[M] New York：McGraw-Hill，1967：39.

第3章 海洋大气环境腐蚀寿命的内涵

腐蚀是材料服役时与环境发生化学或电化学反应而失效的过程。

金属材料仍然是当今社会最主要的支撑材料，人类经历了青铜时代和铁器时代，至今不过3000多年，但保留完整的青铜器和铁器少之又少，这说明金属材料在各种环境中服役使用中存在使用时限的问题。金属材料在环境中服役使用一定时间后，有的会发生性能丧失，致使构件达不到应有的性能要求而垮塌，发生灾难性事故；有的金属材料构件在使用环境中会逐渐踪迹全无，完全腐蚀殆尽，某些现代极端工业环境，例如强酸环境中有的金属构件仅仅使用几小时后就会发生这样的情况。这就是对金属材料腐蚀寿命的简单理解。海洋大气环境具有强腐蚀性，各类金属材料在其中服役时，均存在使用时间极限。

3.1 环境腐蚀寿命的概念

顾名思义，环境腐蚀寿命就是材料在特定环境中腐蚀失效时，还能服役使用多长时间。从工程意义上讲，环境腐蚀寿命是当材料只承受腐蚀或以腐蚀为主要失效方式时的安全服役使用时限；从科学意义上讲，环境腐蚀寿命是材料在多重腐蚀环境因素联合作用下失效演化的动力学进程。材料在实际服役时往往承受腐蚀、磨损或疲劳等多种失效方式，其交互作用很复杂，只有对腐蚀寿命进行充分研究与认识后，才能对多种失效方式交互作用下的寿命开展深入研究与认识。

金属腐蚀分为全面腐蚀和局部腐蚀，因此，金属材料腐蚀寿命以此可以分为全面腐蚀寿命和局部腐蚀寿命。全面腐蚀分为均匀腐蚀和非均匀腐蚀两大类，如图3.1所示的是全面腐蚀导致输水管线的寿命完结。局部腐蚀有点蚀、电偶腐蚀、缝隙腐蚀、晶间腐蚀和选择性腐蚀等多种形态，因此，局部腐蚀寿命包括点蚀寿命、电偶腐蚀寿命、缝隙腐蚀寿命、晶间腐蚀寿命和选择性腐蚀寿命等，如图 3.2 所示。应力作用下的腐蚀形态为应力腐蚀、腐蚀疲劳和冲刷腐蚀，对应的服役寿命概念为应力腐蚀寿命、腐蚀疲劳寿命、冲刷腐蚀寿命，如图 3.3 所示。金属局部腐蚀形态特征、表征方式和腐蚀动力学演化的复杂性，决定了金属腐蚀寿命定义、内涵和评估的复杂性。

图 3.1　全面腐蚀导致输水管线的寿命完结

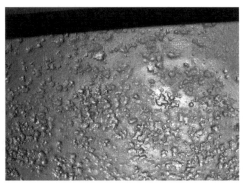
图 3.2　点蚀决定的管道腐蚀寿命

图 3.3　应力腐蚀决定了飞机起落架的寿命

　　对以上腐蚀的失效机理和动力学规律的研究，就是为了准确掌握其腐蚀寿命。以上腐蚀形态本质机理都是电化学过程，但评估腐蚀寿命不能脱离腐蚀形态这个具体层面，由于腐蚀形态的巨大差异，决定了建立腐蚀寿命评估方法的复杂性。

　　材料腐蚀机理和材料腐蚀寿命是两个既相互关联、又有明显区别的概念。材料腐蚀机理是侧重指发生腐蚀失效时材料内部微观、细观甚至宏观组织结构的变化行为与规律，而材料腐蚀寿命是指在某一环境服役发生腐蚀的材料，还能使用多长时间。腐蚀机理反映的是过程中的特点，腐蚀寿命是反映全过程的特点。腐蚀机理研究是腐蚀寿命研究的基础，机理研究是"病因"，寿命研究是还能"活多久"。

　　材料环境腐蚀寿命应该由材料品质和服役环境因素两方面决定。材料品质是由其成分、组织结构和性能及其相互之间关系所决定的。尽管材料在服役过程中其成分、组织结构和性能都可能发生变化，但是当材料一定后，决定其腐蚀寿命最关键的是服役环境因素。因此，要准确评估材料的腐蚀寿命，就必须对材料在环境中的服役历程有完整的监测，尤其是主要影响因素的监测与分析极其重要，甚至可以说，材料环境腐蚀寿命评估某种意义上讲其实是其服役历程及其环境因素监测结果的分析与数据处理，数据量越大，结果越精确。

　　对腐蚀寿命进行基本定义并系统研究的意义如下。

　　（1）金属构件在设计时，需要对腐蚀寿命有明确的要求。例如，飞机设计师在总体设计时，日历寿命（考虑腐蚀寿命的总寿命）是最重要的设计指标，目前并没有明确的认知，成为困扰飞机设计师的重大难题。

　　（2）金属构件或设备在选材与制造中，腐蚀寿命的概念是保证正确选材和制定适当制造工艺的关键因素之一。

　　（3）腐蚀问题最容易发生在服役过程中，若金属构件或设备在服役中发生腐蚀事故，就必须对其设计时采用的腐蚀寿命进行评估，这是保证其安全服役的关键。

　　（4）腐蚀寿命概念的建立对超期服役延寿方案制定也很重要，是保证安全超期服役的关键。

　　（5）报废淘汰必须严格遵循腐蚀寿命的概念和设计原则。

　　（6）腐蚀寿命的概念是新型耐蚀材料开发的关键。

　　总之，有关腐蚀寿命的概念其实是贯穿在整个构件或设备从设计—制造—服役—报废的全生命周期中，只有充分考虑腐蚀寿命，才能保证其"安、稳、长、满、优"运行。

3.2　环境腐蚀寿命预测的一般方法

材料环境腐蚀寿命准确预测不能通过服役环境中构件的直接使用或现场暴露试验来获得。原因在于：①大部分构件的使用寿命都很长，少则数十年，多则百年，甚至可能是千年，其腐蚀寿命的准确预测无法在实际运行中获得，即使数十年获得了某一构件准确的腐蚀寿命，可能已经丧失了原本的意义。②构件服役历程中腐蚀行为的演变往往非常复杂，现场无法准确掌握腐蚀演变历程，而腐蚀演变历程对准确评估腐蚀寿命至关重要。③服役历程中各种环境影响因素也十分复杂，同样无法准确掌握各种主要影响因素及其交互作用的定量变化历程，而这种定量演变历程对准确评估腐蚀寿命同样十分重要。④虽然目前也采用现场试验的方法来评估腐蚀寿命，例如，在连续运行的高温高压强腐蚀环境的压力容器内开展定期挂片试验，通过预定周期获得挂片试样解剖分析来评估腐蚀寿命，但是这种方法其实只是对设备腐蚀进行跟踪研究，具有强烈的针对性，并不是建立广泛适用的腐蚀寿命预测的最佳方法。

虽然材料环境腐蚀寿命的准确预测不能通过室外服役过程来获得，但是，现场的腐蚀失效案例收集、现场构件腐蚀行为研究、现场暴露试验（即现场腐蚀数据积累）和现场环境因素监测对腐蚀寿命预测却是十分关键的，是开展腐蚀寿命预测的基础，同时也是验证腐蚀寿命预测准确性不可替代的基础性工作。

材料环境腐蚀寿命预测的主体工作应该在室内开展，即通过开展室内的模拟与加速腐蚀试验来完成。室内试验可以克服现场暴露试验的缺点，缩短试验周期。从短期的加速腐蚀试验结果预测材料在服役环境中长期的腐蚀行为和寿命的关键在于，一是建立完善室内模拟加速腐蚀试验方法，二是保证室内外腐蚀试验的良好相关性。

目前，已经建立了较多的加速腐蚀试验方法，对不同形态的腐蚀，发展了不同的加速腐蚀试验方法。加速腐蚀试验中环境谱的研究关键是：对服役环境暴露试验的模拟性和加速性。例如，大气腐蚀的加速腐蚀试验方法有如下几种。

1. 盐雾试验

包括中性盐雾试验（NSS，neutral salt spray testing）、醋酸盐雾试验（ASS，acetic acid salt spray testing）、铜加速醋酸盐雾试验（CASS，copper accelerated acetic acid salt spray testing）等三种盐雾标准试验。中性连续盐雾试验对于海洋大气暴露试验具有模拟性，缺点是不具有"湿润－干燥"循环过程。为了更好的模拟海洋大气环境，将干湿交替引入盐雾试验或者采用循环盐雾的方法，能更真实地模拟实际情况的腐蚀，具有更好的模拟性和加速性。用干湿交替的加速试验方法比单纯的盐雾试验具有更好的相关性，同时把湿度和凝露作为考虑的重点，通过适当的控制，能使加速试验的结果更接近自然暴露的试验结果。

2. 湿热试验

分为恒定的湿热试验和交变湿热试验两种，可以通入腐蚀性气体（SO_2、H_2S 等）进行模拟污染环境的加速腐蚀试验。湿热试验方法的主要缺点是试片表面形成大小不一的水珠，水珠不会凝集和流淌，也不会形成稳定水膜，模拟性较差。

3. 周期浸润复合循环试验

该方法使材料处于干湿交替状态，能更好地模拟金属在雨淋日照下的实际情况，并可在潮湿期进行电化学测量。

4. 多因子循环复合腐蚀试验

将周期喷雾、周期浸润等复合试验综合起来考虑，可以模拟更多的大气腐蚀影响因素。此外，还有多种环境因子循环复合腐蚀试验方法，不仅实现对温度、湿度、干湿交替、污染物含量等环境因子进行控制，而且可以模拟多种气象条件下的腐蚀情况，能获得与真实环境试验相近的数据。

确定一种模拟加速腐蚀试验方法是否可行或有效，一是必须制定建立在服役环境因素的准确监测的基础上的室内加速腐蚀试验环境谱；二是必须搞清室内外腐蚀试验结果之间是否具有良好的相关性。探索合适的室内加速腐蚀试验方法，建立准确反映服役环境的室内加速腐蚀试验环境谱，开展材料室内加速腐蚀试验与服役环境暴露试验相关性的研究工作，不仅对于合理选用材料，制定防止腐蚀的有效措施，而且对预测材料环境腐蚀寿命都很重要。

材料环境腐蚀寿命预测的工作流程包括：预测对象的确定与现场腐蚀机理分析、服役环境的监测、室内加速试验环境谱制定、加速腐蚀试验与机理研究、室内外相关性分析、现场试验数据验证、实际腐蚀案例的标定和数据库建设等八个方面。其中数据库建设是大数据时代的基础性工作，应该涉及材料的性能数据库。

3.3　服役环境与室内加速腐蚀环境谱

自然环境和工业环境是材料服役的两大腐蚀环境，对其主要腐蚀影响因素及其交互作用的认识极其关键。

根据腐蚀机理不同，腐蚀环境分为以下几类：①干燥气体腐蚀：干燥气体腐蚀具体包括露点以上的常温干燥气体腐蚀和高温气体氧化。②电解液中的腐蚀：材料在自然环境中的腐蚀，如大气腐蚀、土壤腐蚀、海水腐蚀、微生物腐蚀等；材料在工业介质中的腐蚀，如在酸、碱、盐溶液中的腐蚀，高温高压水中的腐蚀和熔融盐中的腐蚀等。③非电解液中的腐蚀：即材料在非电解液中的腐蚀，包括在卤代烃和其他各种有机液体物质，如苯、甲醇、乙醇等中的腐蚀，为化学腐蚀。但是少量水分也会改变这种腐蚀的性质。例如，对于材料在含痕量水的汽油、煤油中的腐蚀，起作用的实际上是水，实为电化学腐蚀。④物理因素协同作用环境中的腐蚀：在力、热、声、电、光等物理环境因素或其交互作用下材料的腐蚀。例如应力腐蚀，熔融金属的腐蚀和高日照辐射环境老化等。⑤其他严酷和极端条件环境中的腐蚀，例如低温高辐射真空的太空环境、沙漠环境、深海火山口附近环境、生物体内环境和生物群落环境等。

以上环境基本囊括了目前金属材料的服役条件。在某一具体服役环境中，通过对多种环境因素的长期监测，确定对腐蚀过程起关键作用的各环境因素并进行排序，是制定室内加速腐蚀试验环境谱的第一步工作。加速腐蚀环境谱编制的基础就是要连续监测实际服役的局部环境变化，重视主要环境因素，忽视次要因素，然后编制合理的环境谱模块，不能改变腐蚀机理或失效模式。研究经验表明，必须选择 4 个以上的主要影响因素，并进行正确排序，才能获得好的室内加速腐蚀环境谱，实现通过短时间的加速腐蚀模拟获得长时间的相同效果。

加速腐蚀环境谱的详细编制过程如下：首先，通过监测服役环境或环境数据库，结合所考察材料服役历程与外部环境之间的联系，分析影响腐蚀的主要环境因素；其次，通过腐蚀形貌分析、产物分析和电化学测试，确定现场服役的腐蚀机理；再次，选取主要环境因素制定加速腐蚀环境块，并组合为探索性加速腐蚀环境谱进行室内腐蚀试验。最后，通过加速腐蚀试验来调整各环境块的参数和环境块的组合方式，以确定加速试验环境谱实施的具体试验条件，使加速腐蚀环境谱同时具备"加速性"和"再现性"。

3.4　室内外腐蚀试验相关性

基于以上分析，环境腐蚀寿命预测实际就是室内外两个独立腐蚀过程的相关性的问题，只有保证室内外试验过程中腐蚀形貌的一致性、腐蚀机理的一致性和腐蚀产物生长过程的一致性，才能保证以上两个独立腐蚀过程具有相关性。

相关性主要是指现场环境暴露试验与相应采用的室内模拟加速试验之间的关系。通俗讲，相关性就是某个构件在室内条件下加速腐蚀试验多少小时，相当于在现场环境暴露试验或服役多少年[1-3]。相关性有一个显著特点，就是不确定性。不同的加速腐蚀试验方法与装置会产生不同的相关性描述；相同的加速腐蚀试验方法与装置，针对不同的材料也会产生不同的相关性描述；不同的研究者，也可能提出不同的相关性描述方法。若想在室内真实再现试样在实际服役环境条件下的腐蚀失效规律，看似简单，但实际上非常困难。尽管如此，各工业发达国家都致力于室内外腐蚀试验相关性研究，目前室内外腐蚀试验相关性的研究是自然环境试验领域研究热点之一，随着试验条件、试验装置的不断提升，相关性技术也取得了一些突破和发展。在工业环境腐蚀研究领域，室内外腐蚀试验相关性研究工作并不多。

由于自然环境试验周期很长，试验区域性强，促使人们开展加速腐蚀试验研究，以推测户外长期暴露试验的结果。目前，普遍认为加速腐蚀试验不能简单地代替大气腐蚀暴露试验，主要依赖于室内外腐蚀试验相关性的优劣。保证室内外腐蚀试验方法具有良好的相关性，应该遵循以下的原则：①试验模拟性好。若希望获得较好的模拟性，就必须保证室内外试验腐蚀过程的电化学机理是一致的；同时环境循环作用过程特点是一致的；腐蚀动力学规律是一致的；腐蚀产物相同且生长的顺序是一致的。②试验加速性好。室内加速腐蚀试验应在模拟性优良的基础上具有高的加速倍率，初期加速倍率值尽可能大。但是，目前的加速腐蚀试验的加速倍率通常无法大于 50，大于 50 后，其相关性将变得较差。③试验重现性好。在相同加速腐蚀试验条件下，进行两次以上或多次重复对比试验，试验结果重现性好[4]。

对模拟性的定性评价方法主要分为图表法和腐蚀机理对比法。图表法是相关性研究中最早采用的一种最直观的比较方法，具体为：选择合适的试验参数，将试验数据与时间对应列入适当表格或作图，比较图表中的数据，确定性能变化趋势，从而判断其相关性好坏。目前已有很多关于图表法评价相关性的研究实例，该方法能较好地评价试验过程的相关性。

对模拟性的另一类评价方法是定量评价法，一般采用秩相关系数法、灰色关联分析、模糊数学等方法。秩相关系数法是一种非参数线性相关分析方法，这种方法属趋势性评价，方法简单。灰色关联分析方法是通过计算关联度来分析两个事物之间相关性程度的一种方法，其特点是可在少量的无规律的数据样本基础上得到两个事物之间的关联规律，该方法在各种分析预测系统中得到大量的应用[5-6]。例如利用灰色关联度分析石油工业典型腐蚀事故。又如，采用秩相关系数法、灰色关联分析法对中性和酸性盐雾加速腐蚀试验结果和万宁、江津大气试验结果进行了分析，阐述了自然环境试验与加速腐蚀试验的相关性。

对加速性的评价主要采用加速因子（AF，acceleration factor）法或加速转换因子（ASF，acceleration switchover factor）法。AF 法属于点相关性评价方法，常用于高分子材料的老化评价。试验前规定材料试验终止性能指标，如在高分子材料老化中，一般终止性能指标为原始值的 50%，当用两种方法试验达到终止性能指标时的加速倍率就是 AF。

ASF 法可以理解为某材料进行某个室内模拟加速腐蚀试验的性能相当于某地区自然环境试验的腐蚀性能随时间变化的加速倍率。在进行 ASF 法计算时，首先可以做出如图 3.4 所示的自然环境腐蚀和室内加速腐蚀的曲线，在曲线上取相应的数值得到对应的几个加速试验时间和自然环境暴露时间。如果所拟合的两条曲线置信度高，时间可以通过拟合的两个方程来计算；如果置信度不高，可以直接从图上取值，再通过回归分析得到 ASF 随时间变化的曲线规律。

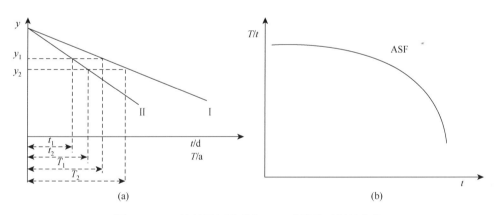

图 3.4　ASF 法的图解说明和 ASF 曲线随时间的变化

（a）ASF 法示意图；（b）ASF 曲线随时间的变化

对加速腐蚀试验过程重现性的评价采用方差分析或 t 检验法。方差分析主要用于两个及两个以上样本均数差别的显著性检验。对不同批次的加速腐蚀试验数据进行随机抽样，采用方差分析或 t 检验法分析，存在显著性差异，说明试验重现性不好；反之，说明试验重现性好。

　　腐蚀寿命预测的实质是在金属材料环境腐蚀过程的动力学规律探索的基础上，建立服役环境中的腐蚀失效动力学模型，并对模型的有效性进行验证。

　　腐蚀电化学体系总是按照一定的方向和速率进行着电化学反应，金属材料环境腐蚀过程的动力学规律其实就是关注这种腐蚀电化学体系发生反应的速率怎么样，哪些因素会影响到电极反应的速率，以及反应速率与这些因素间又有怎样的函数关系，电极的极化现象对反应速率影响如何，其实这些都是腐蚀电化学动力学的基本问题。在简单的理论研究体系中，这些问题已经获得了很好的答案，但是在现实的自然或工业腐蚀环境中，由于材料本身结构的复杂性和服役环境众多影响因素的复杂性，使得人们期待的腐蚀动力学规律十分复杂，目前无法准确认识其中的规律，更无法检测与验证其中每一个变量的变化过程。因此，对这么一个极其复杂的体系，解决问题的办法就是在简单腐蚀动力学规律认识的基础上，采用筛选出主要的腐蚀影响因素，建立比较简化的腐蚀动力学模型，通过现场试验或失效案例，不断修正、发展和验证这些腐蚀动力学模型。将极其复杂的工程问题进行简单化处理，而简单化处理的原则是这些腐蚀动力学模型必须满足工程使用的有效性。

　　腐蚀电化学测试技术的发展，已经可能用极化曲线准确表征某一腐蚀体系的腐蚀机理和腐蚀速率，极化曲线基本分为活化体系和钝化体系，活化体系对应的腐蚀过程通常是全面溶解性的，即全面腐蚀，腐蚀动力学过程相对简单；钝化体系通常对应材料表面膜在环境中的复杂变化过程，对应的是局部腐蚀，而局部腐蚀的动力学过程，例如点蚀的生长与发展，则是很复杂的问题。

　　腐蚀寿命预测是在室内外腐蚀相关性研究的基础上，利用现代的材料表征技术——材料形貌观测手段（光学和电子显微镜）、物相和成分分析手段（X 衍射和拉曼光谱）、腐蚀电化学测量技术（极化曲线、交流阻抗和微区电化学测量等），建立复杂服役环境中金属材料构件或设备腐蚀失效动力学模型，并对模型的有效性进行验证的过程。因此，室内外腐蚀相关性的研究是腐蚀寿命预测最重要的基础工作，只有建立了构件或设备在服役环境中良好的室内外腐蚀相关性关系，才能对其环境腐蚀寿命进行准确的预测。

3.5　海洋大气环境腐蚀性分级分类与腐蚀寿命内涵

海洋与大气相互作用十分复杂，主要反映在两者之间的各种物质（包括水分、二氧化碳以及其他气体和微粒）、能量和动量的交换，以及由此产生的相互影响、制约和适应的关系。海洋与大气相互作用的机制是：地球表面的太阳辐射有一半以上被海洋所吸收，在释放给大气之前，先被海洋贮存起来，并被洋流携带各处重新分布。大气一方面从海洋获得能量，改变其运动状态；另一方面又通过风场把动能传给海洋，驱动洋流，使海洋热量再分配。这种热能转变为动能，再由动能转变为热能的过程，构成了复杂的海洋与大气相互作用。

海洋大气环境极其复杂，随着地球经纬度和海岸地理条件的差异，影响材料腐蚀的主要因素——温度、湿度、辐照度、氯离子浓度、盐度、污染物（如 SO_2）等环境因子及其综合作用对材料腐蚀行为的影响差异很大，对其腐蚀特性的认识不能一概而论，既有短期和长期作用的不同，又有对碳钢和低合金耐候钢影响的不同。首先必须对海洋大气环境腐蚀进行分级分类研究，这是对其腐蚀机理的正确认识、腐蚀寿命准确估算和正确而低成本使用材料的前提与基础。对金属材料大气腐蚀环境进行分级分类已经有了比较成熟的方法，就是从环境因子和金属腐蚀速率观测两方面进行金属大气腐蚀的分级分类。环境因子主要考虑金属表面润湿时间、氯离子和污染物的含量等；金属腐蚀速率观测主要以铁、锌、铅和铜的年腐蚀速率测量数据作为分级分类的依据。

从全球看，靠近赤道的高温、高湿、高盐雾、高辐射的海洋大气环境对金属材料具有最强的腐蚀性，大气污染因素的影响也是不能忽视的重要因素。我国海岸线长，沿线的地理和气候差异巨大，导致海洋大气的腐蚀性存在很大的差异，相同的材料在沿海岸线的腐蚀机理也一定会表现出明显的差异。根据青岛、琼海、万宁和西沙各海洋大气环境试验站长期观测的数据，确定青岛及西沙海洋大气环境的腐蚀等级为 5 级，为我国海洋大气环境腐蚀最严重区域；琼海和万宁海洋大气环境的腐蚀等级都为 3 或 4 级；舟山为 3 级。钢铁材料在青岛、琼海、万宁和西沙各海洋大气试验站暴露试验的 1～2a 内，青岛地区的腐蚀速率较大，主要是硫化物污染因素影响大，各个海洋大气试验站的腐蚀等级大小顺序为：青岛＞西沙＞万宁＞琼海。暴露试验的 3～8a 后，高温、高湿纯海洋气候的万宁地区的海洋大气腐蚀速率上升更快，各个海洋大气试验站的腐蚀等级大小顺序为：西沙＞万宁＞琼海＞青岛。

我国海洋大气腐蚀分为高温、高湿、高盐雾海洋大气腐蚀和污染海洋大气腐蚀两种机理。高温、高湿海洋大气环境中钢在 NaCl 溶液中点蚀的闭塞电池效应使金属的后期腐蚀仍较强；污染海洋大气环境中初期由于 pH 的降低，腐蚀速率很大，后期由于腐蚀产物的积累，表面活性区域减少，腐蚀速率逐渐减缓。海洋大气腐蚀寿命的内涵就是指以上腐蚀的发生与发展过程导致海洋构件不能使用的历时过程。

3.6　结　　论

以上是我国典型海域海洋大气腐蚀的特征和腐蚀性分级分类。材料在海洋大气环境中服役时，腐蚀往往会成为这些海洋构件使用时间长短的制约因素，当材料腐蚀过程决定了海洋大气环境构件安全服役时间的长短时，这个安全服役时间就是海洋大气环境腐蚀寿命的内涵。

参 考 文 献

[1] Ramanauskas R, Muleshkova L, Maldonado L, et al. Characterization of the Corrosion Behaviour of Zn and Zn Alloy Electrodeposits: Atmospheric and Accelerated Tests[J]. Corrosion Science, 1998, 40 (2-3): 401-410.

[2] Chen Y Y, Tzeng H J, Wei L I, et al. Mechanical Properties and Corrosion Resistance of Low-alloy Steels in Atmospheric Conditions Containing Chloride[J]. Materials Science and Engineering, 2005, 398: 47-59.

[3] Samie F, Tidblad J, Kucera V, et al. Atmospheric Corrosion Effects of HNO_3^- Method Development and Results on Laboratory-exposed Copper[J]. Atmospheric Environment, 2005, 39 (38): 7362-7373.

[4]　张三平，萧以德，朱华，等. 涂层户外暴露与室内加速腐蚀试验相关性研究[J]. 腐蚀科学与防护技术，2000，12（3）：157-159.

[5]　Wang J H，Wei F H，Chang Y S，et al. The Corrosion Mechanisms of Carbon Steel and Weathering Steel in SO$_2$ Polluted Atmospheres[J]. Materials chemistry and physics，1997，47（1）：1-8.

[6]　李涛，董超芳，李晓刚，等. 环境因素对铝合金大气腐蚀的影响及其动态变化规律研究[J]. 腐蚀与防护，2009，30（4）：215-219.

第4章　海洋大气环境室外腐蚀行为

如第 1 章所述，环境腐蚀寿命评估必须按照具体的腐蚀类型进行，原因在于虽然环境腐蚀寿命评估的工作流程是相同的，但是各种腐蚀类型产生的环境因素和材料腐蚀机理及动力学演化过程差异很大，尤其是点蚀和应力腐蚀等局部腐蚀形态，评估其腐蚀寿命具有很大的复杂性。

材料在海洋大气环境中的腐蚀类型是多种多样的，均匀腐蚀、点蚀和应力腐蚀为最常见的腐蚀形态。自然环境中的暴露试验一直是研究大气腐蚀最常用的试验方法，优点是能反映现场实际情况，所得的数据直观可靠，可以获得户外自然环境中的腐蚀特征与规律，主要用于评估腐蚀寿命的定标与验证工作，是估算该环境中的腐蚀寿命不可或缺的基础性工作。

本章选择 Q235 碳钢、316 不锈钢和 LF2 铝合金，通过在海洋大气环境中暴露不同时间后，获得全面均匀腐蚀、全面非均匀腐蚀和点蚀等腐蚀基本的形态及其动力学演化规律，并结合腐蚀形貌观察及锈层结构分析，研究以上材料在严酷海洋大气环境中的腐蚀行为，为建立海洋大气环境中材料全面均匀腐蚀、全面非均匀腐蚀、点蚀等腐蚀形态的寿命评估方法奠定基础。

4.1　海洋大气环境中的全面均匀腐蚀

Q235 碳钢在西沙海洋大气环境中暴露 1、3、6、9、12、24 和 48 个月后的腐蚀失重数据如表 4.1 所示。

表 4.1　Q235 碳钢在西沙海洋大气环境中暴露不同时间的腐蚀失重数据[1]

暴露时间/月	1	3	6	9	12	24	48
失重/（g/cm²）	0.0191	0.0293	0.0421	0.0503	0.0688	0.1021	0.1385
腐蚀深度/μm	24.32	37.31	53.68	64.06	87.59	130.0	176.38

　　图 4.1 是 Q235 碳钢在西沙大气环境中暴露 1 个月时的宏观形貌照片，表面已被锈层完全覆盖，锈层覆盖物呈现出比较均匀的棕褐色。表明已经发生全面均匀腐蚀。

　　图 4.2 为 Q235 碳钢在西沙大气环境中暴露 1 个月后锈层表面 SEM 图。试样表面已经没有裸露基体，局部出现了比较均匀、致密的腐蚀产物。

图 4.1　Q235 碳钢在西沙大气环境中暴露 1 个月后的宏观形貌

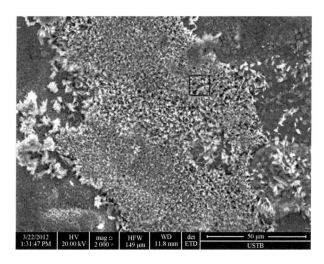

图 4.2　Q235 碳钢在西沙大气环境中暴露 1 个月后的微观形貌

　　图 4.3 为 Q235 碳钢在西沙大气环境中暴露 1 个月后锈层截面 SEM 图。锈层厚度随着暴露时间的延长而增加。暴露 1 个月后，锈层结构疏松不致密，锈层中出现了大量裂纹。

　　对暴露不同时间后腐蚀产物进行 XRD 分析，暴露 1 个月后，腐蚀产物主要由 γ-FeOOH、β-FeOOH、Fe_3O_4 及少量的 FeOCl 组成；暴露 6 个月后，腐蚀产物的主要组成与暴露 1 个月后的基本相同，只是腐蚀产物中出现了 $CaCO_3$；暴露 12 个月后，腐蚀产物除了 γ-FeOOH、β-FeOOH、Fe_3O_4 和 $CaCO_3$ 以外，还生成了 Fe_2SiO_4 及少量的 α-FeOOH；暴露 48 个月后锈层中的组分与暴露 12 个月相比，腐蚀产物的组成变化不大。

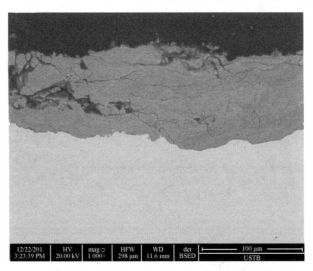

图 4.3　Q235 碳钢在西沙大气环境中暴露 1 个月后锈层截面微观形貌

　　图 4.4 为 Q235 碳钢暴露 6 个月的锈层截面上由外到里的 Cl 元素的线性扫描结果。结果表明，锈层的最外层 Cl 元素含量较高。暴露 6 个月后，Cl 元素已经扩散到了锈层的内部。Cl 元素的存在促进有害的 β-FeOOH 的生成，破坏锈层的均一性，降低锈层的保护性，加速腐蚀。暴露 48 个月后，锈层内部的 Cl 元素含量没有减少，表明随着暴露时间的延长，增加的锈层厚度不能有效阻止 Cl 元素渗透到锈层内部。

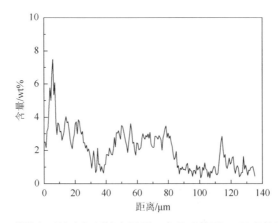

图 4.4　Q235 碳钢在西沙大气环境中暴露 6 个月后截面 Cl 元素的线性扫描结果

　　图 4.5 为 Q235 碳钢腐蚀失重随时间的变化规律，拟合结果符合幂指数规律：

$$W = Kt^n \qquad (4.1)$$

式中，W 为金属材料单位面积腐蚀失重，g/cm^2；t 为金属材料暴露时间，月；K 为材料常数，表征初始腐蚀速率的大小，与环境密切相关；n 为材料常数，表征腐蚀的发展趋势，随环境的不同而变化。从拟合结果可以看出，腐蚀动力学演化规律经历了三个阶段：在暴露前 9 个月时，腐蚀失重趋势逐渐减缓，n 值小于 1；当暴露 9～12 月时，腐蚀失重趋势又增加，此时 n 值大于 1，表明在此阶段腐蚀为加剧过程；当暴露 12 个月之后，腐蚀失重趋势又开始减缓，n 值小于 1，说明在 Q235 碳钢表面生成的锈层具有一定的保护作用。

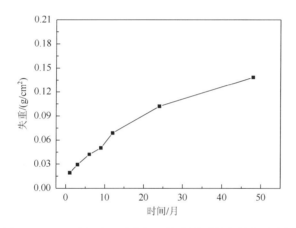

图 4.5　Q235 碳钢在西沙大气环境中暴露的腐蚀失重分析

第一阶段：$\lg W = 0.458 \lg t - 1.736 \qquad (4.2)$

第二阶段：$\lg W = 1.088 \lg t - 2.336 \qquad (4.3)$

第三阶段：$\lg W = 0.489 \lg t - 1.698 \qquad (4.4)$

4.2　海洋大气环境中的全面非均匀腐蚀

图 4.6 所示为 LF2 铝合金在西沙海洋大气环境中暴露 6 个月后的表面宏观形貌，从图中可以看出，LF2 铝合金试样表面失去光泽，发生了全面腐蚀，同时表面出现不规则点状锈蚀点，在局部区域有白色腐蚀产物生成。

图 4.7 为其微观形貌，表面凹凸不平，突出处腐蚀产物的形貌为不规则的白色的块状产物。

图 4.6　LF2 铝合金在西沙大气环境　　　　　图 4.7　表面微观形貌
中暴露 6 个月后的表面宏观形貌

　　暴露 12 个月后，腐蚀产物增多、试样表面粗糙度增加，腐蚀产物出现裂纹，暴露 24 个月后，腐蚀产物扩展成大块的团簇产物，带有明显的裂纹。在 LF2 铝合金的暴露过程中，腐蚀产物并没有对基体产生保护作用，西沙海洋大气环境具有高湿度和长日照的特点，使得 LF2 铝合金试样表面形成的液膜不能连续产生、存在，液膜蒸发和重生这个循环过程不停往复进行，造成了 LF2 铝合金试样表面所形成的腐蚀产物不均匀。

　　如图 4.8 所示为去除腐蚀产物后的 LF2 铝合金的表面形貌图，可以观察到点蚀坑的变化，表面可见微小孤立的点蚀，点蚀坑呈圆形，数量少，深度浅，其间留下大块完整的面积。暴露 12 个月后点蚀坑已明显向纵向和横向发展，有些点蚀坑由于长期的腐蚀作用已经连接成为小的片状腐蚀区，微观形貌表面可见明显破坏，为非均匀的全面腐蚀形态。

　　LF2 铝合金在西沙海洋大气环境中 48 个月实际暴露试验后正面平均点蚀深度和最大点蚀深度的变化曲线如图 4.9 所示，在暴露初期点蚀坑深度变化相对较快，点蚀坑深度在 12 个月后变化成平缓的上升趋势。

图 4.8　去除腐蚀产物后的 LF2 铝合金表面微观形貌

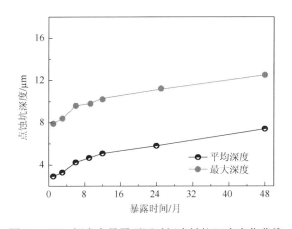

图 4.9　LF2 铝合金暴露不同时间点蚀坑深度变化曲线

图 4.10 为 LF2 铝合金试样在西沙海洋大气环境中腐蚀失重随时间的变化规律，腐蚀失重数据回归方程为：

$$W=0.3494t^{0.5619} \tag{4.5}$$

拟合方程相关系数为 0.9794，为高度相关。

由图 4.10 可知曲线符合 $n<1$ 的幂函数规律，表明腐蚀是逐渐减慢的过程。

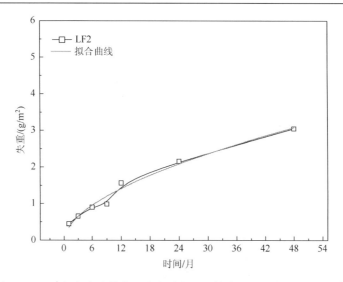

图 4.10　LF2 铝合金试样在西沙海洋大气环境中暴露的腐蚀失重曲线[2]

XRD 分析确定 LF2 铝合金在西沙海洋大气环境中暴露 24 个月后腐蚀产物为 Al_2O_3、$Al(OH)_3$ 和 AlOOH。其海洋大气环境中的腐蚀原因为：LF2 铝合金属于 Al-Mg 系合金，易产生第二相 Mg_5Al_8 和 Mg_2Al_3。合金中固溶体 α 电位（−0.89～ −0.84V）较 β 相（Mg_2Al_3）的电位（−1.24V）高，在电解液中会产生电化学腐蚀，对基体产生加速侵蚀作用。那些优先溶解的阳极相溶解后形成阳极溶解通道，使材料表面由表及里不断深入地受到侵蚀。

海洋大气环境具有高湿度和长日照的特点，由于表面水膜膜层很薄，常常干湿交替，氧容易到达阴极，阴极区发生吸氧反应生成 OH^-。其阴极过程为

$$O_2+2H_2O+4e^- \longrightarrow 4OH^- \qquad （供氧充分）\qquad (4.6)$$

阳极区的 Al 首先在活性位置发生溶解反应，不断形成 Al^{3+} 进入到溶液中去，并释放电子，电子迁移到阴极区，在腐蚀电解质的作用下，阴极区发生吸氧反应生成 OH^-，其阳极过程：

$$Al \longrightarrow Al^{3+}+3e \qquad\qquad (4.7)$$

阴极形成的 OH^- 与 Al^{3+} 结合生成 $Al(OH)_3$：

$$Al^{3+}+3OH^- \longrightarrow Al(OH)_3 \qquad\qquad (4.8)$$

随着腐蚀反应的进一步进行，一方面 $Al(OH)_3$ 会脱去水分形成更加稳定的难

溶物 Al_2O_3，或形成 AlOOH。

$$2Al(OH)_3 \longrightarrow Al_2O_3 + H_2O \tag{4.9}$$

或

$$Al(OH)_3 \longrightarrow AlOOH + H_2O \tag{4.10}$$

另一方面，NaCl 具有很强的吸湿性，Cl^- 溶解在薄液中增加了溶液的导电性，加剧腐蚀。同时，水解形成的 Cl^- 是吸附力很强的活性离子，具有很强的侵蚀性。Cl^- 和 O_2 竞争吸附或由液膜中 Cl^- 首先在铝合金表面的活性位发生吸附，一旦存在吸附，Cl^- 会进一步与 $Al(OH)_3$ 反应，经过一系列反应，可生成可溶于水的 $AlCl_3$。反应过程如下：

$$Al(OH)_3 + Cl^- \longrightarrow Al(OH)_2Cl + OH^- \tag{4.11}$$

$$Al(OH)_2Cl + Cl^- \longrightarrow Al(OH)Cl_2 + OH^- \tag{4.12}$$

$$Al(OH)Cl_2 + Cl^- \longrightarrow AlCl_3 + OH^- \tag{4.13}$$

由于 $AlCl_3$ 具有一定的可溶性，另一方面 LF2 铝合金生成的锈层较少，在腐蚀产物测试中没有检测到 $AlCl_3$ 的存在，因此腐蚀产物中主要是 Al_2O_3、$Al(OH)_3$ 和 AlOOH。图 4.11 所示为在西沙海洋大气环境中，LF2 铝合金腐蚀产物结构示意图。

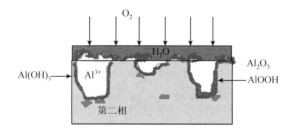

图 4.11 LF2 铝合金在西沙海洋大气环境中的腐蚀产物结构图

4.3 海洋大气环境中的点腐蚀

316 不锈钢在西沙海洋大气环境中暴露 6 个月后的表面宏观形貌如图 4.12

所示，腐蚀形态以点蚀为主。9 个月后，表面红色锈点逐渐增多，锈层也逐渐增厚，点蚀形貌如图 4.13 所示。

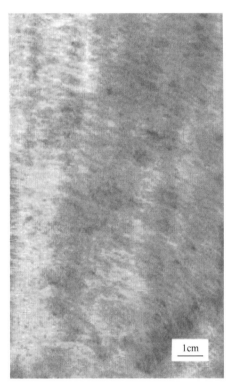

图 4.12　316 不锈钢在西沙海洋大气环境中暴露 6 个月后的表面宏观形貌

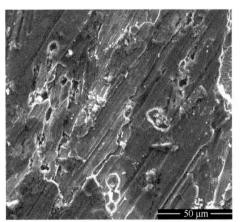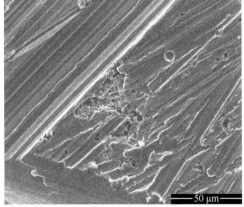

图 4.13　316 不锈钢在西沙海洋大气环境中暴露 9 个月后的点蚀形貌

随着暴露时间的延长，样品的表面锈层有所增加，极少区域露出不锈钢的金属银白色光泽。经过长达 4 年的室外暴露后，表面已经失去了金属的光泽，由原先的银白色变成了浅黄褐色。这表明在长达 4 年的海洋大气暴露后，316 不锈钢表面的金属钝化膜遭到了破坏。

图 4.14 所示的为 316 不锈钢在西沙海洋大气环境中正面的平均点蚀坑深度和最大点蚀坑深度的变化曲线，在暴露的初期（1～6 月），最大点蚀坑深度变化较为明显，当暴露时间超过 6 个月后，最大点蚀坑深度的变化逐渐变小；平均点蚀坑的深度基本处于一直上升的阶段，随着暴露时间的延长呈明显上升的趋势。

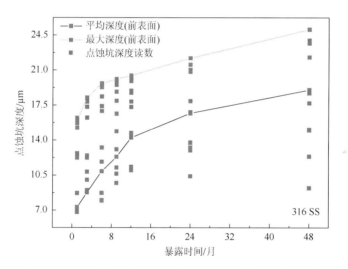

图 4.14　316 不锈钢暴露不同时间后表面点蚀坑深度变化[3]

316 不锈钢暴露 24 个月时间内的腐蚀失重变化规律曲线如图 4.15 所示。在暴露的前 9 个月，316 不锈钢的腐蚀速率较快，其中 1～3 个月腐蚀非常快。经过 9 个月暴露后，腐蚀速率趋于稳定，变化非常小。

$$C = 0.22629t^{0.12208} \tag{4.14}$$

拟合方程相关系数为 0.95。

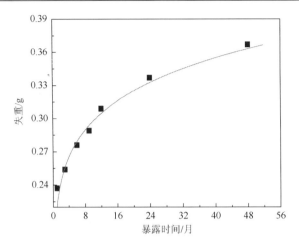

图 4.15 316 不锈钢暴露不同时间后腐蚀失重变化曲线

4.4 结   论

（1）Q235 碳钢在西沙海洋大气环境中暴露 4 年的腐蚀动力学演化规律经历了三个阶段，腐蚀失重与暴露时间符合幂函数变化规律。Q235 碳钢在西沙暴露发生的主要腐蚀类型为均匀腐蚀，形成的锈层为单锈层结构。

（2）LF2 铝合金在西沙海洋大气环境中暴露 4 年的腐蚀动力学规律符合幂函数规律。LF2 铝合金发生点蚀，在暴露初期表面出现浅表状破坏，随着暴露时间延长，出现大量点蚀坑，其表现仍是点蚀。

（3）316 不锈钢在西沙海洋大气环境中暴露后的腐蚀失重与暴露时间遵从幂函数变化规律。316 不锈钢在西沙大气环境条件下发生的主要腐蚀类型为点蚀，随着暴露时间延长，不锈钢抗腐蚀能力逐渐下降。

参 考 文 献

[1] 刘安强. 碳钢在西沙海洋大气环境下的腐蚀机理[D]. 北京：北京科技大学博士学位论文，2012：12.

[2] 邢士波. 严酷海洋大气环境中铝合金加速腐蚀试验方法研究[D]. 北京：北京科技大学博士学位论文，2013：11.

[3] 骆鸿. 严酷海洋大气环境下典型不锈钢加速腐蚀环境谱研究[D]. 北京：北京科技大学博士学位论文，2013：5.

第5章 海洋大气环境室外腐蚀的电化学机理

室内外腐蚀机理的一致性，是室内外腐蚀试验相关性研究的基础，是用室内加速腐蚀试验方法评估室外现场腐蚀寿命的前提。在第2章中初步讨论了现场暴露试验在室外的腐蚀行为，由于室外暴露现场时无法进行在线的电化学测试，对其腐蚀电化学机理尚缺乏深入的认识。本章根据西沙海洋大气的成分测定，确定成分组成（0.1% NaCl+0.05% CaCl₂+0.05% Na₂SO₄）为西沙大气模拟溶液，将室外暴露一定时间的试样在室内的该溶液中进行电化学测试，对其腐蚀过程的电化学机理进行更加深入的认识。

5.1 碳钢海洋大气环境室外腐蚀的电化学机理

Q235碳钢经过1、6、12和48个月暴露后，在西沙海洋大气模拟溶液中极化曲线测试结果如图5.1所示，其拟合结果见表5.1。从结果可以看出，未经暴露的裸钢，阴极为吸氧反应，受溶解氧的扩散控制，阳极为铁的溶解反应，受电荷转移步骤控制。随着暴露时间的延长，腐蚀电位先降低后升高，腐蚀电流密度在暴露

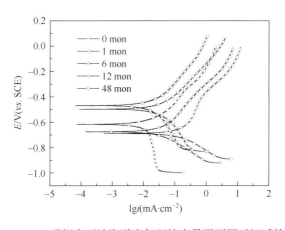

图 5.1 Q235 碳钢在西沙海洋大气环境中暴露不同时间后的极化曲线

初期迅速增大，随后逐渐减小。Q235 碳钢暴露 1 个月后，腐蚀电位明显下降，阴极 Tafel 斜率明显变小，阴极电流随电位升高而大幅度增加，增加幅度约为一个数量级。暴露 6 个月后，腐蚀电流密度有所减小，说明形成的腐蚀产物抑制了 Q235 碳钢的阳极溶解反应，对基体具有一定的保护作用。暴露 12 和 48 个月后，腐蚀电位逐渐升高，阴极 Tafel 斜率有所增大，腐蚀电流密度减小，这与锈层变化密切相关。

表 5.1　Q235 碳钢在西沙大气环境中暴露不同时间后的极化曲线拟合结果[1]

暴露周期/月	E_{corr}/V($vs.$ SCE)	i_{corr}/(μA/cm^2)	b_c/(mV/dec)	b_a/(mV/dec)
1	−0.688	156.18	153.0	348.5
6	−0.675	33.16	170.0	209.5
12	−0.496	29.35	292.0	227.2
48	−0.469	19.06	326.8	240.1

　　暴露不同时间的 Q235 碳钢在西沙模拟溶液中的电化学阻抗谱如图 5.2 所示。从图中可以看出，裸钢试样在 Nyquist 图上表现为一个容抗弧，经过暴露 1 和 6 个月后，试样的容抗弧逐渐增大，在 Nyquist 图上表现为高频区的一个小容抗弧和中低频区的大容抗弧；暴露 12 个月后，在 Nyquist 图的中低频区开始出现一条直线，这是 Warburg 阻抗的典型特征，揭示了强烈的扩散作用。采用图 5.3 所示的等效电路对电化学阻抗谱进行拟合。R_s 代表溶液电阻，R_f 代表膜电阻，R_t 代表电荷转移电阻，CPE 代表等相位角元件，CPE$_1$ 代表膜电容，CPE$_2$ 代表双电层电容。等效电路拟合结果如表 5.2 所示。

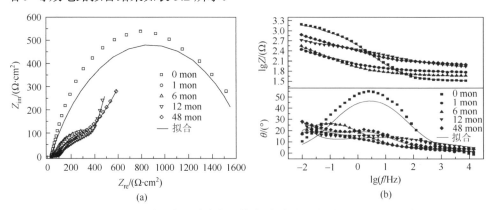

图 5.2　Q235 碳钢在西沙大气环境中暴露不同时间的电化学阻抗谱

(a) Nyquist 图；(b) Bode 图

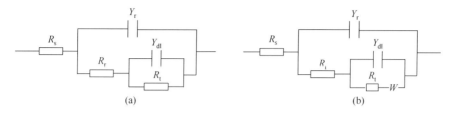

图 5.3　Q235 碳钢在西沙大气环境中暴露不同时间的电化学阻抗谱等效电路图
（a）1 和 6 个月后等效电路；（b）12 个月后等效电路

表 5.2　Q235 碳钢的电化学阻抗谱的拟合结果

时间/月	R_s /$(\Omega \cdot cm^2)$	Y_r /$(\Omega^{-1} \cdot cm^{-2} \cdot S^{-n_r})$	n_r	R_r /$(\Omega \cdot cm^2)$	Y_{dl} /$(\Omega^{-1} \cdot cm^{-2} \cdot S^{-n_{dl}})$	n_{dl}	R_t /$(\Omega \cdot cm^2)$	A_w /$(\Omega \cdot cm^2 \cdot S^{-1/2})$
0	33.07	—	—	—	6.51×10^{-4}	0.657	1690	—
1	43.85	5.14×10^{-3}	0.384	13.86	6.07×10^{-3}	0.424	160.6	—
6	57.33	2.05×10^{-3}	0.471	37.88	6.51×10^{-3}	0.547	281	—
12	69.76	7.73×10^{-4}	0.305	42.24	2.84×10^{-4}	0.922	381.3	0.0024
48	86.3	2.87×10^{-4}	0.458	55.97	1.01×10^{-3}	0.618	496	0.0077

从表 5.2 可知，随着暴露时间的延长，溶液电阻逐渐增加，这是锈层不断增厚的结果。裸钢样品的电荷转移电阻 R_t 值较大，电极反应受电荷转移步骤控制。暴露初期，带锈试样的电荷转移电阻 R_t 值较小，这是因为在西沙高温、高湿、高盐雾大气环境中，Q235 碳钢表面生成了大量 γ-FeOOH、β-FeOOH 等还原性较强的腐蚀产物，使得锈层中的阴极反应活性点增多，锈层和基体之间发生氧化还原反应，加速电化学反应所致。随着暴露过程的持续，电荷转移电阻 R_t 值逐渐增大，这是因为随着锈层内部被还原的锈层再次被空气中 O_2 氧化生成较多的 FeOOH，同时部分 γ-FeOOH 转化成为 α-FeOOH，阴极反应活性点减少，锈层越来越显著地抑制钢的阳极溶解。锈层电阻 R_r 是评价锈层保护性的一个重要参数。R_r 值随暴露时间的延长而增大，说明形成锈层的保护能力不断增强。

5.2 铝合金海洋大气环境室外腐蚀的电化学机理

LF2 铝合金经过不同暴露时间后，在西沙大气模拟溶液中的极化曲线如图 5.4 所示。

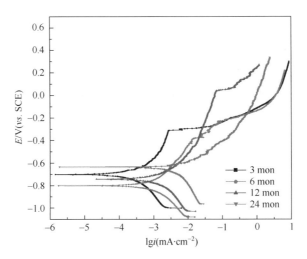

图 5.4 LF2 铝合金在西沙大气暴露不同时间后的极化曲线

对极化曲线进行 Tafel 曲线拟合，结果如表 5.3 所示，其中，E_{corr} 为腐蚀电位，i_{corr} 为腐蚀电流密度，b_a 为阳极 Tafel 斜率；b_c 为阴极 Tafel 斜率。试验结果表明，随暴露时间延长，LF2 铝合金试样腐蚀电流密度增加，LF2 铝合金试样的耐蚀性下降。

表 5.3 LF2 铝合金的极化曲线拟合结果[2]

暴露时间/月	E_{corr}/mV(vs. SCE)	i_{corr}/(μA·cm^{-2})	b_c/mV	b_a/mV
3	−701.329	0.040	11.6	13.9
6	−782.647	0.060	10.8	15.7
12	−731.285	0.128	10.3	12.0
24	−635.146	0.223	38.0	8.7

图 5.5 所示为不同暴露时间后的 LF2 铝合金试样在西沙大气模拟溶液中带腐

蚀产物试样的电化学阻抗谱 Nyquist 图，可以看出，在西沙大气模拟溶液中不同暴露时间后的电化学阻抗谱均由容抗弧组成，随着暴露时间延长，容抗弧半径变小，LF2 铝合金试样表面抗腐蚀性能下降。

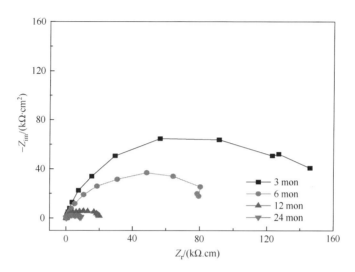

图 5.5　LF2 铝合金在西沙大气环境中暴露不同时间后在西沙大气模拟浴液中的电化学阻抗谱

表 5.4 给出了电化学阻抗谱拟合的结果，随着 LF2 铝合金在西沙海洋大气环境中暴露时间延长，表面的膜电阻 R_r 减小，表明 LF2 铝合金抗腐蚀能力下降，同时 CPE_2 所代表的双电层电容变大，电荷转移电阻 R_t 变小，表明 LF2 铝合金试样表面稳定性降低，局部腐蚀更容易发生。极化电阻变小，后期极化电阻下降比较平缓，表明耐蚀性的下降情况。

表 5.4　LF2 铝合金等效电路拟合结果[2]

时间/月	$R_s/(\Omega \cdot cm^2)$	CPE_1 /$(\Omega^{-1} \cdot cm^{-2} \cdot S^{-n})$	$R_r/(\Omega \cdot cm^2)$	CPE_2 /$(\Omega^{-1} \cdot cm^{-2} \cdot S^{-n})$	R_t /$(\Omega \cdot cm^2)$
3	116.4	6.495×10^{-6}	1.433×10^4	9.056×10^{-6}	1.601×10^5
6	143.5	6.642×10^{-5}	186.7	1.113×10^{-5}	9.333×10^4
12	156.7	6.825×10^{-5}	131.4	2.322×10^{-5}	9867
24	173	7.117×10^{-5}	128.1	2.556×10^{-5}	1654

5.3　不锈钢海洋大气环境室外腐蚀的电化学机理

316 不锈钢原始样品在西沙模拟溶液中的极化曲线如图 5.6 所示，可以看出，316 不锈钢在西沙模拟溶液中呈现一定的钝化特性，E_{corr} 约为 $-0.16V$（$vs.$ SCE），点蚀电位 E_p 约为 $1.12V$（$vs.$ SCE），钝化电流密度约为 $4.28\mu A\cdot cm^{-2}$，表明 316 不锈钢在西沙模拟溶液中极易自钝化。再钝化电位 E_{rp} 约为 $0.76V$（$vs.$ SCE），在极化曲线上有一个明显的滞后环，原始 316 不锈钢样品在西沙模拟溶液里表现出较好的耐蚀性和再钝化性能。

经过 6、12、24 和 48 个月暴露后的带腐蚀产物 316 不锈钢样品在西沙海洋大气模拟溶液中的极化曲线如图 5.7 所示。随着暴露时间的延长，维钝电流密度逐渐增加，表明钝化膜的稳定性在减弱，点蚀电位呈下降趋势，当暴露时间达到 48 个月时，点蚀电位下降明显。在室外暴露过程中，经过不同周期暴露的试样表面腐蚀产物数量和分布明显不同，由于表面已经存在一定的点蚀孔，外界腐蚀性溶液可直接与金属进行接触，加之闭塞区的"自催化酸化效应"，可使得不锈钢的抗腐蚀能力下降，腐蚀速率愈来愈高。

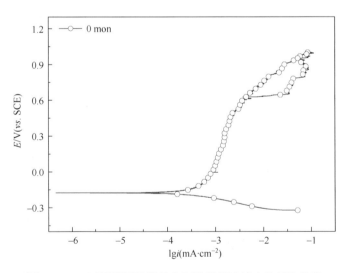

图 5.6　316 不锈钢原始样品在西沙模拟溶液中的极化曲线

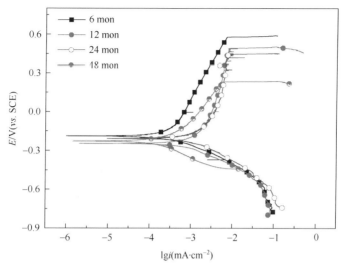

图 5.7　室外暴露不同时间的 316 不锈钢样品在西沙模拟溶液中的极化曲线

从表 5.5 中的拟合参数也可以看出，随着暴露时间的延长，316 不锈钢材料在西沙海洋大气模拟溶液中的耐蚀性能进行一步下降。

表 5.5　不同暴露时间 316 不锈钢样品极化曲线的相关电化学参量[3]

暴露时间/月	E_p/V（$vs.$ SCE）	E_{corr}/V（$vs.$ SCE）	i_{corr}/(μA·cm^2)	i_p/(μA·cm^2)
0	1.12	−0.16	0.15	4.28
1	0.80	−0.14	0.22	12.7
6	0.65	−0.13	0.27	13.6
12	0.45	−0.18	0.34	15.3
24	0.40	−0.18	0.38	15.1
48	0.18	−0.22	0.42	15.8

图 5.8 所示为 316 不锈钢带锈试样在西沙海洋大气环境模拟溶液中的电化学阻抗谱的 Nyquist 图。可以看出，原始样品和暴露样品的阻抗谱均由容抗弧组成，随着暴露时间的延长，容抗弧的半径变小，材料表面钝化膜的抗腐蚀能力下降。

与图 5.3 不同，第一个高频阻抗与钝化膜在材料表面的覆盖程度有关，CPE$_1$ 和 R_1 分别表示材料表面钝化膜的特性，即钝化膜的电容和电阻；第二个低频阻抗 CPE$_2$ 和 R_2 与活性表面面积有关系（活性点蚀或者钝化膜缺陷），分别表示电荷

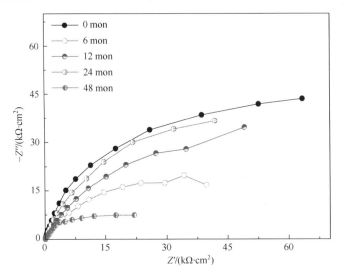

图 5.8　室外暴露不同时间的 316 不锈钢样品在西沙大气环境模拟溶液中的电化学阻抗谱

转移电阻和双电层电容。表 5.6 所示为阻抗谱的等效电路拟合结果，随着暴露时间的延长，表面钝化膜的电阻 R_1 减小，CPE_1 不断增大，表明钝化膜的抗腐蚀能力不断下降。同时界面转移电阻 R_2 不断地变小，CPE_2 不断变小，进一步表明不锈钢钝化膜的稳定性变差，点蚀更容易发生。

表 5.6　等效电路阻抗谱的拟合结果[3]

暴露时间/月	$R_s/(\Omega \cdot cm^2)$	$R_1/(\Omega \cdot cm^2)$	Q_1 /$(\Omega^{-1} \cdot cm^{-2} \cdot s^{-n})$	R_2 /$(\Omega \cdot cm^2)$	Q_2 /$(\Omega^{-1} \cdot cm^{-2} \cdot s^{-n})$
0	36.24	1.758×10^5	1.269×10^{-5}	3.571×10^4	2.626×10^{-4}
1	38.18	2.033×10^4	1.57×10^{-5}	3.272×10^4	2.983×10^{-4}
6	32.01	9867.5	2.246×10^{-5}	2.589×10^4	2.021×10^{-4}
12	34.27	2418.7	2.288×10^{-5}	2.215×10^4	1.886×10^{-4}
24	35.62	752.3	4.202×10^{-5}	1.938×10^4	2.016×10^{-4}
48	36.11	415.89	6.678×10^{-5}	8.573×10^3	9.813×10^{-3}

5.4　结　　论

（1）Q235 碳钢和 Q450 耐候钢的腐蚀电流密度 i_{corr} 值随暴露时间的延长逐渐减小，电荷转移电阻 R_t 和锈层电阻 R_r 值都逐渐增大。R_r 值随暴露时间的延长而增大，说明形成锈层的保护能力不断增强。

（2）LF2 铝合金腐蚀电流密度 i_{corr} 值随暴露时间延长逐渐增大，电荷转移电阻 R_t 随暴露时间延长而变小，这表明 LF2 铝合金随暴露时间延长其耐蚀性降低。

（3）316 不锈钢经过暴露后的表面钝化膜的膜电阻 R_1 减小，Q_1 增大，表明钝化膜的抗腐蚀能力下降。同时界面电荷转移电阻 R_2 不断地变小，Q_2 不断变大，进一步表明不锈钢钝化膜的稳定性变差，点蚀更容易发生。

参 考 文 献

[1]　刘安强. 碳钢在西沙海洋大气环境下的腐蚀机理[D]. 北京：北京科技大学博士学位论文，2012：12.

[2]　邢士波. 严酷海洋大气环境中铝合金加速腐蚀试验方法研究[D]. 北京：北京科技大学博士学位论文，2013：11.

[3]　骆鸿. 严酷海洋大气环境下典型不锈钢加速腐蚀环境谱研究[D]. 北京：北京科技大学博士学位论文，2013：5.

第6章 海洋大气环境室内加速腐蚀试验方法

如前所述，材料腐蚀寿命评估必须依赖于室内加速腐蚀试验来完成，除了保证室内外腐蚀试验的相关性这一关键性环节外，保证较大的室内加速腐蚀试验加速因子是开展腐蚀寿命预测工作的基本要求，但是，加速因子越大，相关性越差。加速因子和相关性的概念是腐蚀寿命预测的基础。

保证室内外腐蚀试验方法具有良好的相关性，必须保证室内外试验腐蚀过程的电化学机理是一致的；环境循环作用过程特点是一致的；腐蚀动力学规律是一致的；腐蚀产物相同且生长的顺序是一致的。同时应该具有高的加速倍率，初期加速倍率值尽可能大，通常加速倍率无法大于 50，大于 50 后其相关性将变得较差；另外多次重复对比试验的结果重现性好。本章基于以上原则，给出了海洋大气环境室内加速腐蚀试验方法的建立过程，主要是阐明室内加速腐蚀试验环境谱的建立原则与方法。

6.1 当量腐蚀加速关系的确定原理

室内外腐蚀试验的相关性是指腐蚀机理相同，但是进程不同的两组腐蚀过程的等量对比，当量加速关系就是加速腐蚀试验环境谱下作用时间与现场环境谱下腐蚀作用时间的对应关系。电化学腐蚀反应过程中，电荷的转移与反应物质的变化量之间有着密切的等量关系，服从法拉第定律，以电量 Q 作为腐蚀量的变化，则：

$$Q = \frac{1}{F} \int_0^t I_c \mathrm{d}\tau \tag{6.1}$$

式中，F 为法拉第常数，I_c 为不同环境中的电流，而 t 为环境作用时间。

对于给定金属材料，若在现场环境条件下电流为 I_c，暴露时间为 t，腐蚀量为

Q；而其加速腐蚀试验环境谱作用下的腐蚀电流为 I_c'，试验时间为 t'，腐蚀量为 Q'，根据式（6.1）则有：

$$Q' = \frac{1}{F}\int_0^t I_c' \mathrm{d}\tau \tag{6.2}$$

根据腐蚀量相等准则 $Q=Q'$，得出：

$$I_c t = I_c' t' \tag{6.3}$$

由此得到

$$t' = \frac{I_c}{I_c'} t \tag{6.4}$$

引入折算系数，即加速因子

$$\alpha = \frac{I}{I_c'} \tag{6.5}$$

则有

$$t' = \alpha t \tag{6.6}$$

式（6.6）给出了两种环境中腐蚀量相等对应的作用时间的关系，是用当量折算法建立加速试验环境谱与大气环境谱作用时间之间当量关系的基础。

采用当量折算法，以法拉第定律为基础，认为金属材料的腐蚀失效主要是由电化学腐蚀引起的，电化学反应过程中，电荷量的转移与反应物的变化量之间存在等量关系，让加速环境谱下的腐蚀电量等于使用环境中的腐蚀电量，进而确定加速腐蚀试验环境谱与现场环境谱之间的当量关系。

6.2　利用稳态极化曲线进行腐蚀当量折算

腐蚀极化曲线可以作为当量腐蚀原理的重要工具。腐蚀极化曲线既能反映腐蚀过程的阴阳极过程变化，表征腐蚀机理，也能测定腐蚀电流的大小，因此，在确定室内外腐蚀相关性加速因子的研究中，两组腐蚀过程的极化曲线测定与比较十分重要。简单情况下的腐蚀金属电极的极化曲线如图 6.1 所示。

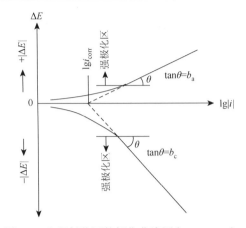

图 6.1　由强极化区的极化曲线测定 i_{corr}、b_a 和 b_c

　　首先，室内外两组腐蚀过程测得的极化曲线形状必须基本一致，这表示了两组腐蚀过程的机理基本一致；其次，用腐蚀电流确定腐蚀加速比。图 6.2 分别是 Q235 碳钢在 NaCl（wt%）浓度为 0.35%、0.5%、1.72%、3.5%、5%、7%中的极化曲线测量结果。从中可以看出，这些腐蚀反应的机理都是相同的，计算得到的腐蚀电流密度 i_{corr}（$\mu A \cdot cm^{-2}$）分别是 0.084、1.35、0.361、0.424、0.477 和 0.69，测得在纯水中的腐蚀电流密度是 $0.058\mu A \cdot cm^{-2}$。由此得到与纯水相比的加速比分别为 1.45、23.27、6.22、7.31、8.22 和 11.9。这些不同浓度溶液之间的腐蚀加速比也可以通过互相比较计算获得。

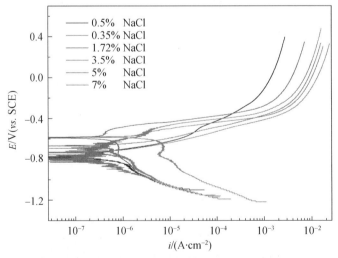

图 6.2　Q235 碳钢在 NaCl 溶液中的极化曲线测量结果

图 6.3 分别是 Q235 碳钢在浓度分别为 0.1mg/L、1mg/L 和 2mg/L 的 H_2SO_4（wt%）中的极化曲线测量结果。从中可以看出，这些腐蚀反应的机理都是相同的，计算得到的腐蚀电流密度 i_{corr}（$\mu A \cdot cm^{-2}$）分别是 0.093、0.148 和 1.034，测得在纯水中的腐蚀电流密度是 $0.058\mu A \cdot cm^{-2}$。由此得到与纯水相比的加速比分别 1.60、2.55 和 17.83。这些浓度之间的腐蚀加速比也可以通过互相比较计算获得[1]。

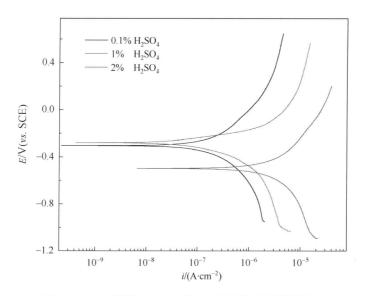

图 6.3　Q235 碳钢在 H_2SO_4 溶液中的极化曲线测量结果

工程上的粗略评估通常是测定不同温度、湿度下典型金属材料腐蚀电流密度来建立不同组合对应的当量折算系数，对应折算系数 α 见表 6.1；同时测量不同浓度的 NaCl 溶液、酸溶液与水介质下的腐蚀电流密度建立当量折算系数，对应折算系数 α 见表 6.2[1]。

表 6.1　潮湿空气与标准潮湿空气的折算系数

材料	RH/%	温度/℃				
		20	25	30	35	40
	70	0.09836	0.14540	0.17077	0.24143	0.55212
Q235 碳钢	80	0.08934	0.10057	0.31608	0.42364	0.73048
	90	0.05837	0.22919	0.40647	0.70959	1.0

表 6.2　不同浓度酸及盐与水介质的折算系数[1-2]

材料	不同浓度酸/（mg/L）				NaCl 浓度/（wt%）	
	浓度	HNO$_3$	HCl	H$_2$SO$_4$	浓度	NaCl
	0.1	0.571	—	—	1.72	0.417
Q235 碳钢	1.0	0.467	0.368	0.467	3.5	0.32
	2.0	0.233	0.292	—	7.0	0.31
	0.1	0.267	0.454	0.635	1.72	0.417
LF2 铝合金	1.0	0.318	0.235	0.348	3.5	0.320
	2.0	0.353	0.11	0.302	7.0	0.310

　　采用自制的电极和 ACM 测试仪在湿热箱中完成，测量 LF2 铝合金在试验温度为 40℃、相对湿度为 90%时的腐蚀电流密度 i（40℃，90%），把 i（40℃，90%）作为基准比较条件，进一步分别测量 LF2 铝合金在试验温度为 20℃、相对湿度为 90%时的腐蚀电流密度 i（20℃，90%），以温度为 40℃、相对湿度为 90%时的试验条件作为加速腐蚀试验的比较基准条件，会分别得到 LF2 铝合金在温度为 20℃、相对湿度为 90%时与基准条件比较的当量折算系数[2]，如表 6.3 所示。

表 6.3　LF2 铝合金潮湿空气与标准潮湿空气的折算系数（40℃，90%RH）

RH/%	20℃	25℃	30℃	35℃	40℃
70	0.1245	0.1659	0.3403	0.4459	0.9405
80	0.1326	0.2162	0.4559	0.4527	0.9863
90	0.1527	0.2391	0.4879	0.6721	1

　　表 6.4 所示为根据不同浓度的盐溶液与水介质下的腐蚀电流密度，所建立的当量折算系数表。

表 6.4　不同浓度 NaCl 溶液与水介质的折算系数

NaCl 浓度/%	0.25	0.5	1.0	3.0	5
LF2 折算系数	0.678	0.623	0.471	0.146	0.103

　　表 6.5 为 LF2 铝合金在不同温度和湿度下的折算系数表。因为铝合金在进行盐雾加速腐蚀试验时，所采用的温度为 35℃，湿度为 90%RH[2]。

表 6.5　LF2 铝合金潮湿空气与标准潮湿空气的折算系数（35℃，90%RH）

RH/%	温度			
	20℃	25℃	30℃	35℃
70	0.1485	0.1899	0.3643	0.5699
80	0.1566	0.2402	0.4799	0.8767
90	0.1767	0.3631	0.5119	1.0

不锈钢材料在不同温度和湿度条件下的腐蚀电流密度的测试，用自制的电极和 ACM 测试仪在湿热箱中完成。表 6.6 和表 6.7 所示的为 304 不锈钢和 316 不锈钢在不同温度（40℃）和湿度（90%RH）下的折算系数表[3]。

表 6.6　304 不锈钢潮湿空气与标准潮湿空气（40℃，90%RH）的折算系数

RH/%	温度				
	20℃	25℃	30℃	35℃	40℃
70	0.0869	0.1456	0.2166	0.4378	0.6129
80	0.0901	0.1613	0.2747	0.4691	0.6599
90	0.1199	0.2276	0.3014	0.6286	1.0000

表 6.7　316 不锈钢潮湿空气与标准潮湿空气（40℃，90%RH）的折算系数

RH/%	温度				
	20℃	25℃	30℃	35℃	40℃
70	0.0969	0.1523	0.2565	0.3947	0.5987
80	0.1049	0.1695	0.2636	0.4821	0.7907
90	0.1079	0.2411	0.3192	0.5629	1.0000

表 6.8 所示为根据 304 和 316 不锈钢在不同浓度的盐溶液与水介质下的腐蚀电流密度所建立的当量折算系数表[3]。

表 6.8　不同浓度 NaCl 溶液与水介质的折算系数

材料	NaCl 浓度/%				
	0.20	0.50	1.0	3.0	5.0
304 不锈钢	0.437	0.375	0.306	0.149	0.104
316 不锈钢	0.441	0.339	0.308	0.147	0.109

图 6.4 和图 6.5 所示为高温、高湿海洋大气环境中 304 和 316 不锈钢温度-相对湿度-当量折算系数（T-RH-α）曲面[3]。

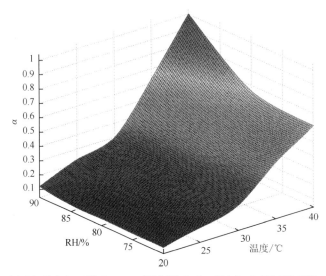

图 6.4　高温、高湿海洋大气环境中 304 不锈钢温度-相对湿度-当量折算系数（T-RH-α）曲面

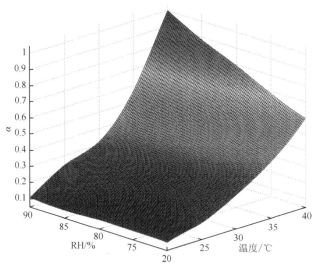

图 6.5　高温、高湿海洋大气环境中 316 不锈钢温度-相对湿度-当量折算系数（T-RH-α）曲面

6.3　室外腐蚀过程与主要环境影响因素的关系

如前所述，室内外腐蚀相关性是指室外腐蚀过程动力学与室内腐蚀过程动力

学两个独立的腐蚀过程之间的关联性,其中理清室外腐蚀动力学过程是最终目的,室内腐蚀动力学的研究只是对室外腐蚀动力学过程的模拟和加速。因此,室内腐蚀动力学过程的研究必须建立在对室外腐蚀过程与主要环境影响因素关系充分认识的基础上。

材料腐蚀寿命其实就是材料在服役环境中被腐蚀的失效历程,若这一历程从材料开始使用到报废的全周期过程中能被清晰地记录下来,则腐蚀寿命就有了翔实的数据,就直接得到了预测的结果。但是,这种过程监测困难,且受到目前的监测手段的水平限制,使得这一历程不可能被完整地记录下来,只能记录其中不完整的一部分现场腐蚀速率的变化值,甚至少量片段的数据。反之,材料腐蚀寿命预测其实就是根据其他与腐蚀过程密切相关的环境数据的监测,加上材料腐蚀过程中不完整的片段数据,来还原材料在服役环境中腐蚀的整个动力学历程。

在材料确定之后,决定腐蚀寿命的便是服役环境因素。环境因素往往很多,是多重环境因素协同作用决定了材料的腐蚀寿命。大气腐蚀的影响因素有温度、湿度、雨量、硫含量、CO_2 含量、盐离子沉积量、日照量、辐射强度、风力、微生物等众多影响因素。在 ISO 标准——ISO 9223-1992、ISO 9224-1992、ISO 9225-1992 中,对大气腐蚀的分级分类只考虑温度、湿度、硫含量和盐离子沉积量等四个主要影响因素。

利用灰色系统理论可以建立材料服役腐蚀历程变化过程与主要影响因素变化过程之间的关联性。灰色系统理论认为任何随机过程都是在一定幅值范围和时区内变化的灰色量,用灰色关联度顺序可以量化描述因素间关系的强弱、大小和次序。步骤是:确定比较数列和参考数列→求关联系数→求关联度→关联度按大小排序。

设 $X_0(k) = \{x_0(k)\} = \{k = 1, 2, \cdots, n\}$ 为参考数列,例如,大气环境中不锈钢实测的平均腐蚀速率和最大点蚀坑深度为参考数列;湿度、总辐射量、降雨量等环境因素为比较数列,$X_i(k)$($k = 1, 2, \cdots, n$; $i = 1, 2, \cdots, m$)。则有如下的定义:

$X_i(k)$ 和 $X_0(k)$ 关联系数为:

$$\xi_{0i}(k) = \frac{\underset{i}{\text{Min}}\,\underset{k}{\text{Min}}\,|X_0'(k)-X_i'(k)|+\rho\,\underset{i}{\text{Max}}\,\underset{k}{\text{Max}}\,|X_0'(k)-X_i'(k)|}{|X_0'(k)-X_i'(k)|+\rho\,\underset{i}{\text{Max}}\,\underset{k}{\text{Max}}\,|X_0'(k)-X_i'(k)|} \tag{6.7}$$

如果记 $\Delta_{0i}=|X_0'(k)-X_i'(k)|$，那么

$$\xi_{0i}(k) = \frac{\underset{i}{\text{Min}}\,\underset{k}{\text{Min}}\,\Delta_i(k)+\rho\,\underset{i}{\text{Max}}\,\underset{k}{\text{Max}}\,\Delta_i(k)}{\Delta_i(k)+\rho\,\underset{i}{\text{Max}}\,\underset{k}{\text{Max}}\,\Delta_i(k)} \tag{6.8}$$

式中，$\xi_{0i}(k)$ 为参考数列 X_0 和比较数列 X_i 在 k 时刻的关联系数。ρ 为分辨系数，$0<\rho<1$，ρ 的具体取值可视具体情况而定，一般取 0.5。$\Delta_i(k)$ 称为第 k 时刻，X_0 和 X_i 的绝对差 $\underset{i}{\text{Min}}\,\underset{k}{\text{Min}}\,\Delta_i(k)$ 称为两级最小差，其中 $\underset{k}{\text{Min}}\,\Delta_i(k)$ 是第一级最小差，其意义表示为在 X_i 的曲线上，各相应点与 X_0 中各相应点距离的最小值。$\underset{i}{\text{Min}}\,\underset{k}{\text{Min}}\,\Delta_i(k)$ 表示在各曲线找出最小差 $\underset{k}{\text{Min}}\,\Delta_i(k)$ 的基础上，再按 $i=1,2,\cdots,m$ 找出所有曲线中最小差的最小差。

$\underset{i}{\text{Max}}\,\underset{k}{\text{Max}}\,\Delta_i(k)$ 为两级最大差，其意义与 $\underset{i}{\text{Min}}\,\underset{k}{\text{Min}}\,\Delta_i(k)$ 两级最小差类似。因此，根据此公式可以求出 $X_i(k)$ 和对应的 $X_0(k)$ 之间的关联系数：

$$\xi_i = \left\{\xi_i(k)\big|k=1,2,\cdots n\right\} \tag{6.9}$$

比较数列 X_i 对参考数列 X_0 的灰色关联度记作 $\gamma(X_0,X_i)$，对参考数列求出关联度：

$$\gamma_{0i} = \frac{1}{n}\sum_{k=1}^{n}\xi_{0i}(k) \tag{6.10}$$

对参考数列 X_0 和比较数列 $X_i(i=1,2,\cdots m)$，其关联度分别为 $\gamma_i(i=1,2,\cdots m)$，γ_i 全体便构成关联序关系，从大到小进行排序，即可得灰色关联序。通常来说，当 $\gamma>0.6$，即该序列具有较好的关联。

Q235 碳钢、LF2 铝合金、316 不锈钢等材料在西沙高温、高湿、高盐雾的海洋大气环境中，分别现场暴露 1、3、6、9、12、24 和 48 个月的试验，在不同的试验周期取样，对其腐蚀速率进行测量。Q235 碳钢发生了明显的全面性的均匀腐蚀；LF2 铝合金发生了全面腐蚀伴有明显的不均匀性；316 不锈钢发生了均匀腐蚀和点蚀。用 mm/a（毫米每年）描述 Q235 碳钢的腐蚀速率；用 g/(cm²·a)和点蚀深度同时描述 316 不锈钢的腐蚀速率；用 g/(cm²·a)描述 LF2 铝合金的腐蚀速率。

用以上材料连续 4a 的腐蚀数据检测值作为参考系列。

用环境历程的监测作为比较系列。根据材料在海洋大气环境中的失效机理和腐蚀特点，选定七个影响寿命最相关的因素进行灰色关联度分析，按每 4 个月的数值进行统计分析，各因素初始值见表 6.9。

表 6.9　西沙高温、高湿、高盐雾群岛海域影响寿命相关的气候因素随年份数据列表

月平均 时间/月 ＼ 因素	平均 气温/℃	平均相对 湿度/%	降雨量/mm	日照时数/h	总辐射量 /(MJ/m²)	盐雾沉降率 /(mg/m²·h)	氯离子 /(mg/m³)
4	26.87	76.95	138.7	2518.7	5435.83	3.39	0.05
8	26.80	77.24	139.5	2514.9	5789.42	3.41	0.06
12	26.79	76.89	138.5	2532.4	5687.39	3.38	0.06
16	26.81	77.69	139.8	2530.6	5532.71	3.42	0.04
20	26.83	77.22	140.6	2618.2	5789.35	3.36	0.06
24	26.88	77.80	141.6	2646.4	6078.30	3.45	0.07
28	26.92	77.63	141.2	2740.9	5987.54	3.61	0.05
32	27.42	76.98	140.9	2764.8	6123.42	3.58	0.05
36	27.73	77.98	133.3	2686.7	6581.27	3.72	0.05
40	27.52	77.75	128.8	2725.9	6238.58	3.67	0.07
44	27.52	77.25	125.6	2710.9	6498.29	3.62	0.06
48	27.64	76.42	119.4	2635.4	6540.43	3.65	0.08

由于每种环境因素的大小、单位都不同，在灰色关联分析之前，要对这些因素数据列进行初始化处理，每一项都可以表示为：

$$X = \{X(k)\} = \{k = 1, 2, \cdots, 12\} \tag{6.11}$$

常用的初始化方法有初值化、最小值化、最大值化、平均值化和区间值化。其中初值化：

$$X'(k) = \frac{x_0(k)}{\frac{1}{n}\sum_{k=1}^{n} x_0(k)} \quad k = 1, 2, \cdots, n \tag{6.12}$$

用平均值化处理西沙高温、高湿、高盐雾大气海洋环境各因素数据列，平均值化结果见表 6.10。

表6.10 西沙高温、高湿、高盐雾大气海洋环境各气候因素平均值化结果

时间/月	平均气温/℃	平均相对湿度/%	降雨量/mm	日照时数/h	总辐射量/(MJ/m²)	盐雾沉降率/(mg/m²·h)	氯离子/(mg/m³)
4	0.9899	0.9953	1.0224	0.9557	0.9024	0.9626	0.8450
8	0.9873	0.9990	1.0283	0.9542	0.9611	0.9683	1.0141
12	0.9869	0.9945	1.0209	0.9609	0.9442	0.9598	1.0141
16	0.9877	1.0049	1.0305	0.9602	0.9185	0.9711	0.6761
20	0.9884	0.9987	1.0364	0.9934	0.9611	0.9541	1.0141
24	0.9902	1.0063	1.0438	1.0041	1.0091	0.9796	1.1831
28	0.9917	1.0040	1.0408	1.0399	0.9940	1.0250	0.8450
32	1.0101	0.9956	1.0386	1.0491	1.0165	1.0166	0.8451
36	1.0216	1.0086	0.9826	1.0194	1.0926	1.0563	1.0141
40	1.0138	1.0056	0.9494	1.0343	1.0357	1.0421	1.1831
44	1.0138	0.9991	0.9259	1.0286	1.0788	1.0279	1.0140
48	1.0182	0.9884	0.8801	0.9999	1.0858	1.0364	1.3521

利用第3章的数据,如表6.11所示得到Q235碳钢和LF2铝合金在西沙高温、高湿、高盐雾海洋大气环境中的平均腐蚀速率与大气环境的气象因素之间的灰色关联度分析和排序[1-2]。

表6.11 Q235碳钢和LF2铝合金在西沙海洋大气中腐蚀与环境因素的灰色关联度及排序

环境因素	1~4a 室外暴露			
	Q235碳钢平均腐蚀速率		LF2铝合金平均腐蚀速率	
	γ	排序	γ	排序
温度	0.6925	3	0.5591	5
平均相对湿度	0.6972	2	0.5842	2
降雨量	0.7129	1	0.6005	1
盐雾沉降率	0.6806	4	0.551	4
总辐射量	0.6651	5	0.5648	6
氯离子	0.6149	6	0.5793	3

表6.12所示为在西沙严酷海洋大气环境中暴露的316不锈钢试样的平均腐蚀速率与西沙海洋大气环境的气象因素之间的灰色关联度分析和排序[3]。

表 6.12　316 不锈钢在西沙高温、高湿、高盐雾海洋大气中腐蚀与环境
因素的灰色关联度及排序

腐蚀因素 环境因素	1～4a 室外暴露（316 不锈钢）			
	平均腐蚀速率		最大点蚀坑深度	
	γ	排序	γ	排序
温度	0.7673	1	0.8783	2
平均相对湿度	0.7458	2	0.8607	3
降雨量	0.7370	3	0.7352	5
盐雾沉降率	0.7081	4	0.8809	1
总辐射量	0.6774	5	0.8507	4
氯离子	0.6123	6	0.6498	6

对于 316 不锈钢的最大点蚀坑深度，影响它的主要因素是盐雾、温度、平均相对湿度等。

6.4　室内加速腐蚀试验环境谱

建立了室外腐蚀过程的主要环境因素的灰色关联度及其顺序后，就可以制定室内加速腐蚀试验环境谱，这是材料腐蚀寿命预测的最关键技术环节。目前，室内加速腐蚀试验环境谱制定工作第一个特点是不唯一性，就是针对某一具体现场腐蚀环境，可以在相同科学原则上，制定多个室内加速腐蚀试验环境谱；第二个特点是必须通过腐蚀试验确定，尚未建立精确的理论模型用于加速腐蚀试验环境谱制定，加速比的确定必须通过试验测定。

室内加速腐蚀试验环境谱的制定过程为：第一步，室外至少一年以上的腐蚀主要环境影响因素的监测；第二步，室内加速腐蚀试验环境谱设定；第三步，室外环境谱折算成某一标准状态下的时间当量；第四步，室内设定的加速腐蚀试验环境谱折算成相同标准态下的当量时间；第五步，室内外当量时间对比，确定加速倍率。

例如，西沙高温、高湿、高盐雾海洋大气环境 Q235 碳钢的室内加速腐蚀试验谱的制定过程如下。

第一步：经过长期监测，获得的西沙高温、高湿、高盐雾海洋大气环境的降雨和温湿度累积谱如表 6.13 所示。其中全年湿度小于 70% 的比例为 0.35。

表 6.13　西沙高温、高湿、高盐雾海洋大气试验站年降雨及温湿度累积谱

温度/℃	雨谱/h	湿度谱/h		
		RH=70%	RH=80%	RH=90%
25	312	968	1192	—
30	437	1364	1548	558

第二步：针对西沙高温、高湿、高盐雾海洋大气的环境因素特点，以周期浸润干湿交替试验为基础来制定室内加速腐蚀试验环境谱：加速腐蚀采用 5% NaCl + 0.05% CaCl$_2$ + 0.05% Na$_2$SO$_4$ 的混合溶液，用少量稀盐酸调节 pH 为 4，此溶液具有很好的海洋大气环境腐蚀加速性。潮湿空气和凝露作用，采用温湿环境中表面溶液的烘烤过程来模拟，即在温度 T=40℃，相对湿度 90% 的标准潮湿空气进行红外照射使表面溶液烘烤至消失。其中试样在溶液中浸润 7.5min，接着在温度 T=40℃、相对湿度 90% 的标准潮湿空气烘烤 32.5min，然后停止烘烤 20min，共计 1h，试样表面干燥作用时间比例是 0.35，与室外暴露试样全年湿度小于 70% 的比例为 0.35 相一致。

第三步：西沙高温、高湿、高盐雾海洋大气环境累积谱折算成标准潮湿空气的腐蚀当量：将西沙高温、高湿、高盐雾海洋大气试验站环境谱中各温度下潮湿空气作用小时数用表 6.14 数据折算为温度 T=40℃、相对湿度 RH=90% 的标准潮湿空气的作用小时数为：

t_a=968×0.1454+1192×0.10057+1364×0.17077+1548×0.31608+558×0.40647

　　=1209.6(h)

表 6.14　潮湿空气与标准潮湿空气的折算系数

材料	RH/%	温度/℃				
		20	25	30	35	40
	70	0.09836	0.14540	0.17077	0.24143	0.55212
Q235 碳钢	80	0.08934	0.10057	0.31608	0.42364	0.73048
	90	0.05837	0.22919	0.40647	0.70959	1.0

将西沙高温、高湿、高盐雾海洋大气试验站环境累积谱中降雨作用小时数用表 6.13 数据折算为温度 T=40℃、相对湿度 RH 为 90% 的标准潮湿空气的作用小时数为：

$$t_b=312×0.22919+437×0.40647=249.1(h)$$

西沙高温、高湿、高盐雾海洋大气试验站每年环境累积谱相当于标准潮湿空气作用时间为：

$$t_1=t_a+t_b=1209.6+249.1=1458.7(h)$$

第四步：加速腐蚀试验环境谱折算成标准潮湿空气的腐蚀当量。首先是 NaCl 溶液的浓度折算系数。由表 6.2 可知，采用插值法可得 5% NaCl 溶液的加速系数为 3.168，对应的折算系数为 $α_1$=0.316。其次是 pH=4 的稀盐酸的折算系数。对 pH=4 的稀盐酸而言，[H^+]=0.0001mol/L，则 HCl 对应的浓度为 0.0001mol/L，故盐酸质量浓度为 3.65mg/L。由表 6.2 可知，浓度为 1mg/L 和 2mg/L 的盐酸相对潮湿空气的折算系数 $α$ 为 0.368 和 0.292，同样采用插值法可得 3.65mg/L 盐酸溶液的加速系数为 5.998，对应折算系数 $α_2$=0.167。

加速腐蚀试验环境谱的综合系数为 3.168+5.998=9.156。也就是说，加速试验环境谱作用 1h 相当于温度 T=40℃、相对湿度为 RH=90% 的标准潮湿空气作用 t_2=9.156h。

目前，对加速腐蚀试验中具体加载方式的选择及其区别（例如是盐雾、干湿交替还是全浸）以及其作用时间的影响，尚缺乏具体的理论依据，需要通过大量试验积累研究来确定。

第五步：Q235 碳钢在西沙高温、高湿、高盐雾海洋大气环境谱与加速腐蚀试验环境谱的当量折算。由上述计算结果，可以得到室内加速腐蚀试验环境谱的当量加速关系为 $α=t_1/t_2$=159.3h/a。因此，室内腐蚀加速试验环境谱作用时间取为 6d，即室内 6d 以上环境谱下的腐蚀当量等同于室外 1a 的腐蚀当量。由于在西沙总体暴露时间是 4a，因此，室内腐蚀加速试验总体时间为 24d。制定的 Q235 碳钢西沙海洋大气室内加速腐蚀试验环境谱如框图 6.6 所示[1]。

Q235 碳钢西沙海洋大气环境的室内加速腐蚀试验环境谱：

　　1. 实验时间：6×4d

　　2. 环境条件：水浴温度（40±1）℃；空气温度（40±1）℃；相对湿度 RH=（90±2）%

　　腐蚀溶液：5% NaCl + 0.05% CaCl₂ + 0.05% Na₂SO₄ 的混合溶液，pH 值为 4

　　3. 干湿交替方式：浸润时间 7.5min；烘烤时间 32.5min；干燥加紫外辐照 20min

图 6.6　Q235 碳钢西沙海洋大气环境的室内加速腐蚀试验环境谱

最终确定的针对西沙高温、高湿、高盐雾海洋大气的室内加速试验环境谱如图 6.6 所示，该加速试验环境谱作用 6d，相当于大气环境暴露 1a。确切的当量关系，还应根据试验样品外场暴露情况与实验室加速腐蚀情况的深入细致对比研究，采用腐蚀程度对比结果进一步修正来确定。

同样的方法，制定的 LF2 铝合金西沙高温、高湿、高盐雾海洋大气环境的室内加速腐蚀试验谱如框图 6.7 所示[2]。

LF2 铝合金西沙海洋大气环境的室内加速腐蚀试验环境谱：

　　1. 实验时间：5×4d

　　2. 环境条件：水浴温度（40±1）℃；空气温度（40±1）℃；相对湿度 RH=（90±2）%

　　腐蚀溶液：5% NaCl + 0.05% CaCl₂ + 0.05% Na₂SO₄ 的混合溶液

　　3. 干湿交替方式：浸润时间 7.5min；烘烤时间 32.5min；干燥加紫外辐照 20min

图 6.7　LF2 铝合金西沙海洋大气环境的室内加速腐蚀试验环境谱

316 不锈钢的西沙高温、高湿、高盐雾海洋大气环境的室内加速腐蚀试验谱如框图 6.8 所示[3]。

---

316 不锈钢西沙海洋大气环境的室内加速腐蚀试验环境谱：

　　1. 实验时间：6×4d

　　2. 环境条件：水浴温度（40±1）℃；空气温度（40±1）℃；相对湿度 RH=（90±2）%

　　腐蚀溶液：5% NaCl + 0.05% CaCl₂ + 0.05% Na₂SO₄ 的混合溶液，pH 值为 4

　　3. 干湿交替方式：浸润时间 7.5min；烘烤时间 32.5min；干燥加紫外辐照 20min

图 6.8　316 不锈钢西沙海洋大气环境的室内加速腐蚀试验环境谱

6.5　结　　论

参考实际气象条件和相关的折算规律，建立了 Q235 碳钢、LF2 铝合金、316

不锈钢在西沙严酷海洋环境中的当量计算方法。以腐蚀电流 I_c 为度量参量，编制了西沙严酷海洋环境中的加速环境谱。分别确定了 Q235 碳钢、LF2 铝合金、316 不锈钢三种材料室内加速环境谱为干湿交替，并且干燥加紫外辐照的周浸试验方法。

参 考 文 献

[1]　刘安强. 碳钢在西沙海洋大气环境下的腐蚀机理[D]. 北京：北京科技大学博士学位论文，2012：12.

[2]　邢士波. 严酷海洋大气环境中铝合金加速腐蚀试验方法研究[D]. 北京：北京科技大学博士学位论文，2013：11.

[3]　骆鸿. 严酷海洋大气环境下典型不锈钢加速腐蚀环境谱研究[D]. 北京：北京科技大学博士学位论文，2013：5.

第 7 章　室内外腐蚀试验相关性

上章在室外腐蚀历程与主要环境影响因素 4 年连续监测的基础上，利用西沙海洋大气室内外环境腐蚀当量相等原理和极化曲线测量，得到了 Q235 碳钢、LF2 铝合金和 316 不锈钢西沙海洋大气环境室内加速腐蚀试验的环境谱。

利用以上加速腐蚀试验环境谱，可以得到以上材料室内加速腐蚀的动力学规律。本章将西沙海洋大气室外暴露和室内加速腐蚀试验结果，从腐蚀动力学、腐蚀形貌、腐蚀产物组成、锈层电化学行为等方面进行关联性分析，建立室内外腐蚀试验相关性的分析研究方法与流程。

7.1　碳钢室内外腐蚀试验相关性

7.1.1　腐蚀过程动力学比较

Q235 碳钢在西沙海洋大气环境加速腐蚀试验环境谱作用下，腐蚀失重和腐蚀深度与暴露时间（其中的试验时间与室外暴露时间对应）数据如表 7.1 所示，进行回归分析，得到腐蚀动力学的幂函数关系。

表 7.1　Q235 碳钢在加速腐蚀试验环境谱作用下的腐蚀数据

时间/d	失重/(g/cm²)	腐蚀深度/μm
0.5	0.0178	22.67
1.5	0.0285	36.31
3	0.0432	55.03
4.5	0.0541	68.92
6	0.0703	89.55
12	0.1105	140.76
24	0.1498	190.82

Q235 碳钢：

$$W = 0.0165t^{0.553} \quad (R^2 = 0.991) \qquad （西沙海洋大气室外环境） \qquad （7.1）$$

$$W = 0.0243t^{0.580} \quad (R^2 = 0.992) \qquad （室内加速腐蚀试验环境谱） \qquad （7.2）$$

从上面的关系式［式（7.1）和式（7.2）］比较可以看出，在加速试验环境中腐蚀动力学规律与西沙海洋大气环境室外暴露中的腐蚀动力学规律相似。

7.1.2 腐蚀形貌比较

图 7.1 为 Q235 碳钢在西沙室外暴露与室内加速腐蚀试验环境谱作用下腐蚀形貌演化过程的对比图，室内外腐蚀形貌的演化过程有较好的相似性。

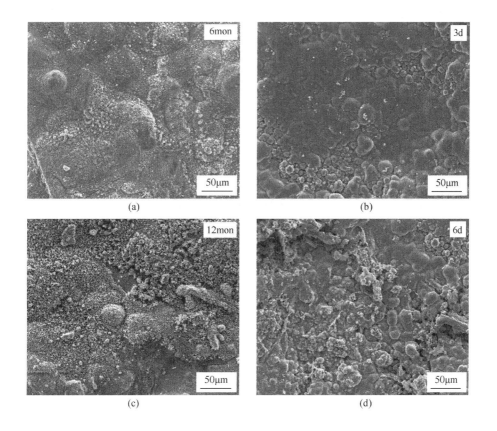

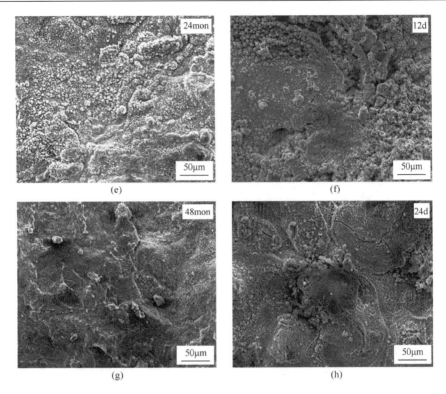

图 7.1　Q235 碳钢室内外腐蚀形貌对比

（a）（c）（e）（g）室外形貌；（b）（d）（f）（h）室内形貌

7.1.3　腐蚀产物比较

Q235 碳钢在西沙室外大气环境中腐蚀产物的主要组成基本相同，暴露 1 和 6 个月后，腐蚀产物主要由 γ-FeOOH、β-FeOOH 和 Fe_3O_4 组成；暴露 12 和 48 个月后，腐蚀产物除了主要的 γ-FeOOH、β-FeOOH 和 Fe_3O_4 外，还生成了少量的 α-FeOOH。在室内加速腐蚀试验环境谱作用中，腐蚀产物主要为 γ-FeOOH、β-FeOOH、α-FeOOH 和 Fe_3O_4，随着暴露时间的延长，锈层中组分的变化不大。从主要腐蚀产物的组成分析来看，在西沙大气环境中暴露后的腐蚀产物组成相和在加速腐蚀试验环境谱作用中的腐蚀产物组成相基本一致。

7.1.4　腐蚀电化学特性比较

图 7.2 为 Q235 碳钢在室内加速腐蚀试验环境谱中试验不同时间后，置于西沙

大气模拟溶液中的极化曲线,拟合结果如表 7.2 所示。从图可以看出,阴阳极均为活化控制,随着试验时间的延长,腐蚀电位 E_{corr} 正移,腐蚀电流密度 i_{corr} 减小,阴极 Tafel 斜率(b_c)增大,腐蚀后期阳极 Tafel 斜率(b_a)变化很小,表明锈层对基体的阳极溶解具有抑制作用。与图 5.1 对比,结合表 5.1 与表 7.2 的数据对比,其室内外的腐蚀电化学机理完全是一致的。

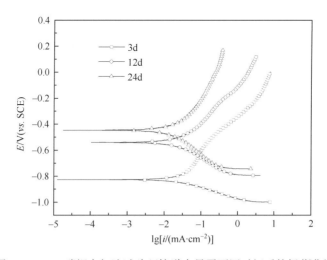

图 7.2　Q235 碳钢在加速试验环境谱中暴露不同时间后的极化曲线

表 7.2　Q235 碳钢在加速试验环境谱中暴露不同时间后极化曲线拟合结果

时间/天	E_{corr}/V（$vs.$ SCE）	i_{corr}/(μA/cm^2)	b_c/(mV/dec)	b_a/(mV/dec)
3	−0.828	31.49	96.1	288.4
12	−0.541	18.81	158.4	186.0
24	−0.447	11.41	169.9	182.5

　　图 7.3 为 Q235 碳钢在室内加速腐蚀试验环境谱中试验不同时间后,置于西沙大气模拟溶液中的电化学阻抗谱。从图中可以看出,所有 Q235 碳钢样品的Nyquist 图均由高频区的一个小容抗弧和中低频区的大容抗弧组成。采用等效拟合电路 II 对暴露不同时间样品的电化学阻抗谱进行拟合,结果见表 7.3。与图 5.2对比,结合表 5.2 与表 7.3 的数据对比,进一步说明了其室内外的腐蚀电化学机理完全是一致的。

表 7.3   Q235 碳钢暴露不同时间后的电化学阻抗谱拟合结果[1]

时间/天	$R_{\mathrm{s}}/(\Omega\cdot\mathrm{cm}^2)$	$Y_{\mathrm{r}}/(\Omega^{-1}\cdot\mathrm{cm}^{-2}\cdot\mathrm{S}^{-n_{\mathrm{r}}})$	n_{r}	$R_{\mathrm{r}}/(\Omega\cdot\mathrm{cm}^2)$	$Y_{\mathrm{dl}}/(\Omega^{-1}\cdot\mathrm{cm}^{-2}\cdot\mathrm{S}^{-n_{\mathrm{dl}}})$	n_{dl}	$R_{\mathrm{t}}/(\Omega\cdot\mathrm{cm}^2)$
3	27.6	5.19×10^{-3}	0.656	11.77	7.17×10^{-3}	0.682	332
12	65.69	1.01×10^{-3}	0.633	35.48	3.84×10^{-4}	0.643	565
24	57.63	8.73×10^{-4}	0.99	49.35	6.19×10^{-3}	0.478	701

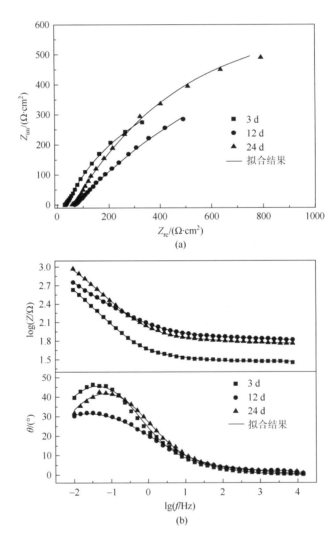

图 7.3   Q235 碳钢在室内加速腐蚀试验环境谱中暴露不同时间样品的电化学阻抗谱

（a）Nyquist 图；（b）Bode 图

从拟合结果可知,随着暴露时间的延长,溶液电阻逐渐增加,这是锈层不断增厚的结果。电荷转移电阻 R_t 值和锈层电阻 R_r 值逐渐增大,锈层电阻 R_r 是评价锈层保护性的一个重要参数。说明形成锈层的保护能力不断增强,但与室外暴露样品的结果相比较小,说明加速腐蚀环境中形成的锈层其保护性较弱。

结合 Q235 碳钢西沙大气环境中暴露与室内加速试验环境谱作用不同时间的带锈样品分别在西沙大气模拟溶液中进行电化学阻抗谱测试的结果,通过室内外腐蚀电化学参数变化的对比分析,研究室内外腐蚀电化学行为的相关性。图 7.4 为锈层电阻 R_r 和电荷转移电阻 R_t 的变化规律。

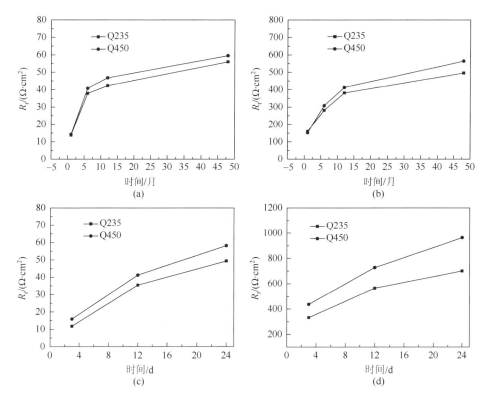

图 7.4 Q235 碳钢和 Q450 耐候钢室内外电化学阻抗参数变化对比

(a)(b)室外暴露;(c)(d)室内加速

从 Q235 碳钢锈层电阻 R_r 和电荷转移电阻 R_t 的变化规律可以看出,无论是在西沙大气环境还是室内加速环境谱试验中,两种钢表面锈层的电阻 R_r 值随着试验时间的延长而增大，说明锈层的保护能力不断增强。西沙大气暴露试验中，样品电化学阻抗谱拟合所得的电荷转移电阻 R_t 随暴露时间的延长而逐渐增大，这主要是由于在腐蚀的初期阶段，腐蚀产物的生成促进了阳极溶解，阻抗拟合所得的电荷转移电阻 R_t 值较小；腐蚀后期，随着锈层的逐渐增厚，阴极反应活性点减少，对应的阻抗谱测试中的电荷转移电阻 R_t 值将增大。加速试验环境谱作用中电化学阻抗谱拟合的电荷转移电阻 R_t 随暴露时间的延长逐渐增大。从锈层电阻 R_t 和电荷转移电阻 R_t 的变化来看，室内外试验具有相似的规律。

7.2 铝合金室内外腐蚀试验相关性

7.2.1 腐蚀过程动力学比较

通过在室内连续盐雾复合加速试验，对 LF2 铝合金在室内连续盐雾复合加速试验下的腐蚀失重数据进行回归，回归方程表示为：

$$W=0.4539t^{0.4856} \tag{7.3}$$

拟合方程相关系数为 0.9674，为高度相关，如图 7.5 所示。

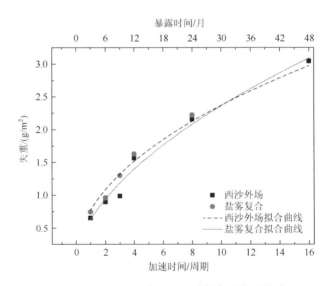

图 7.5 LF2 铝合金室内外试验的腐蚀失重曲线

LF2 铝合金在室内连续盐雾复合加速试验后的腐蚀失重和西沙室外实际暴露的腐蚀失重基本一致，随着暴露时间延长，腐蚀失重与暴露时间遵从幂函数变化规律。

7.2.2　腐蚀形貌比较

图 7.6（a）～（h）所示为加速腐蚀试验分别模拟西沙海洋大气环境暴露 3、6、12 和 24 个月时间的 LF2 铝合金试样表面形貌。从图中可以看出，室内加速试验与室外暴露对应 3、6、12 和 24 个月的实际腐蚀形貌相比，具有较好的相似性。

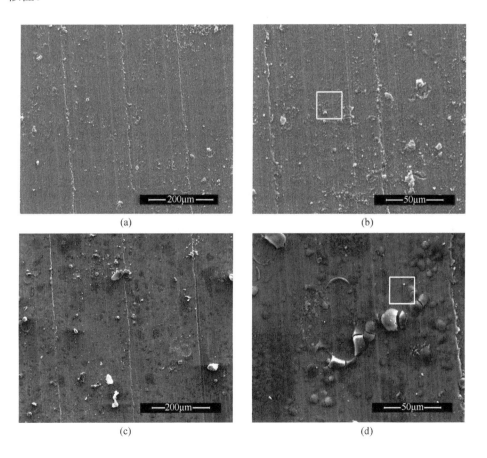

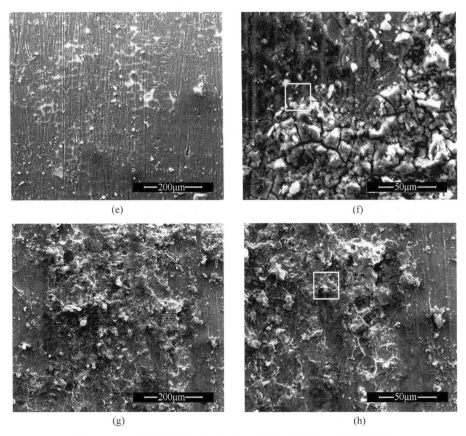

图 7.6　LF2 铝合金在室内加速试验不同时间后的表面微观形貌

（a）模拟 3 个月；（c）模拟 6 个月；（e）模拟 12 个月；（g）模拟 24 个月；（a）（c）（e）（f）为
（b）（d）（f）（h）框线所示的局部的相应放大

　　对于表面腐蚀产物去除后的形貌，室内加速试验与室外暴露对应 3 个月、6 个月、12 个月和 24 个月的实际腐蚀形貌相比，具有较好的相似性。

7.2.3　腐蚀产物比较

　　结合 XRD 分析确定了 LF2 铝合金在室内加速腐蚀试验模拟 24 个月后腐蚀产物为 Al_2O_3、$Al(OH)_3$ 和 $AlO(OH)$。与室外暴露完全相同。

7.2.4　腐蚀电化学特性比较

　　图 7.7 所示的为 LF2 铝合金试样室内加速腐蚀试验不同时间后在西沙大气模拟溶液中的极化曲线图，与西沙海洋大气环境中实际暴露后的极化曲线作比较，

进行 Tafel 曲线拟合，从表 7.4 中拟合参数可以看出，随着 LF2 铝合金试样在西沙海洋大气环境中暴露时间延长，LF2 铝合金腐蚀电流密度增加，LF2 铝合金试样的耐蚀性下降，这表明室内模拟加速腐蚀试验的试样在西沙大气模拟溶液中的腐蚀电化学规律与室外实际暴露结果基本一致。

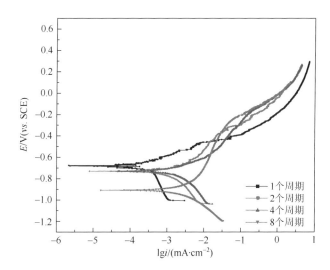

图 7.7　加速腐蚀试验 LF2 铝合金试样在西沙大气模拟溶液中的极化曲线

表 7.4　LF2 铝合金加速腐蚀试验不同时间样品的极化曲线拟合结果[2]

暴露时间	E_{corr}/mV(vs. SCE)	i_{corr}/(μA·cm^{-2})	β_c/mV	β_a/mV
模拟 3 个月	−678.42	0.037	15.7	16.1
模拟 6 个月	−742.31	0.064	14.2	20.3
模拟 12 个月	−721.98	0.241	35.9	27.7
模拟 24 个月	−887.957	0.451	5.1	7.8

　　图 7.8 所示的 LF2 铝合金试样在西沙大气模拟溶液中暴露不同时间后带腐蚀产物的电化学阻抗谱 Nyquist 图，可以看出在西沙大气模拟溶液中暴露不同时间后的电化学阻抗谱均由容抗弧组成，随着暴露时间延长，容抗弧半径变小，表明LF2 铝合金试样表面抗腐蚀性能下降。

　　对 LF2 铝合金腐蚀后带锈试样在西沙大气模拟溶液中的电化学阻抗谱进行拟合，表 7.5 给出了在模拟西沙海洋大气环境的室内加速腐蚀试验后的 LF2 铝合

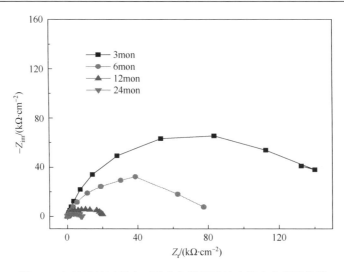

图 7.8　加速腐蚀试样在西沙大气模拟溶液中的电化学阻抗谱

金在西沙大气模拟溶液中的电化学阻抗谱拟合的结果。可知随着 LF2 铝合金在模拟西沙海洋大气环境的室内加速腐蚀试验时间延长，LF2 铝合金试样表面的膜电阻 R_r 减小，CPE_1 所表示的膜电容增大，表明 LF2 铝合金试样抗腐蚀能力下降，同时 CPE_2 所代表的双电层电容变大，电荷转移电阻 R_t 变小，这也表明 LF2 铝合金试样表面稳定性降低，点蚀更容易发生，LF2 铝合金在西沙大气模拟溶液中的电化学阻抗谱拟合的结果与西沙实际暴露后的电化学阻抗谱测试中得到的结果规律一致。

表 7.5　LF2 铝合金加速腐蚀试验 EIS 测试等效电路拟合结果

时间	$R_s/(\Omega\cdot cm^2)$	CPE_1 $/(\Omega^{-1}\cdot cm^{-2}\cdot S^{-n})$	R_r $/(\Omega\cdot cm^2)$	CPE_2 $/(\Omega^{-1}\cdot cm^{-2}\cdot S^{-n})$	R_t $/(\Omega\cdot cm^2)$
模拟 3 个月	183.8	1.657E−6	1.617E4	6.605E−6	1.888E5
模拟 6 个月	147.7	7.027E−6	3545	4.186E−6	7.417E4
模拟 12 个月	132.8	2.129E−5	128.3	4.172E−5	8135
模拟 24 个月	100.4	3.157E−5	127.4	4.552E−5	1947

7.3　不锈钢室内外腐蚀试验相关性

7.3.1　腐蚀过程动力学比较

图 7.9 所示的为 316 不锈钢经过复合加速腐蚀试验后正面最大点蚀坑深度和

平均点蚀坑深度的变化规律。从图中可以看出，随着加速腐蚀时间的延长，不锈钢表面的点蚀坑深度在逐渐变深。对比室外暴露相同周期的样品的点蚀坑深度可知，经过该环境谱加速后，平均点蚀坑深度略微有些偏差，尤其是经过 4 个周期加速腐蚀后，平均点蚀坑深度比室外同周期的要小 5μm。

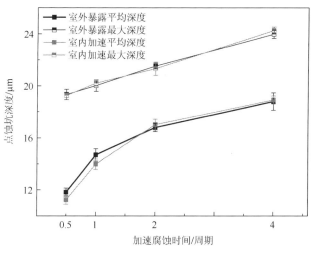

图 7.9　316 不锈钢加速后点蚀坑深度[3]

经过与室内环境谱加速不同周期后的腐蚀失重和拟合曲线比较（如图 7.10 所示），可以很明显地看出，室外暴露 6、12、24 和 48 个月对应于室内加速腐蚀 0.5、

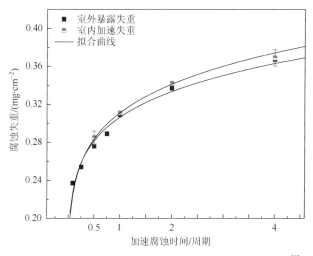

图 7.10　316 不锈钢经不同时间加速腐蚀后的失重变化[3]

1、2 和 4 个周期的腐蚀失重，两者具有较好的相关性，且呈现出一定的规律性。

对比室外暴露对应周期的腐蚀失重，可以发现，基本保持一致的规律性。对 316 不锈钢的腐蚀失重数据进行回归分析，拟合方程表示为：

$$C = 0.22423t^{0.13355} \tag{7.4}$$

拟合方程相关系数为 0.97。

7.3.2　腐蚀形貌比较

图 7.11(a)～(d)所示的为 316 不锈钢经过加速 0.5、1、2 和 4 个周期后的表面

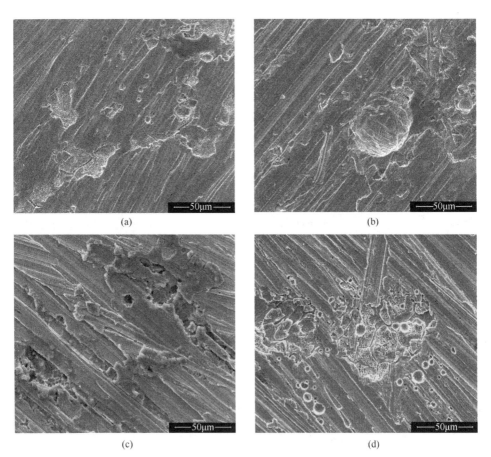

(a)　　　　　　　　　　　　　　(b)

(c)　　　　　　　　　　　　　　(d)

图 7.11　316 不锈钢在室内加速试验不同周期后的表面微观形貌

（a）0.5 周期；（b）1 周期；（c）2 周期；（d）4 周期

形貌。从图中可以看出，表面的腐蚀类型仍旧以点蚀为主，经过室内 0.5 个周期加速（相当于室外暴露半年），不锈钢表面出现一些浅表状点蚀；随着加速腐蚀时间的延长，点蚀坑尺寸增大，数目增多，发展成为圆形，在一些点蚀坑周围出现更多细小点蚀；当加速腐蚀时间增加到 4 周期，316 不锈钢表面以浅表状的点蚀坑和圆形点蚀坑为主。对比室内经过复合环境谱加速腐蚀四个周期与室外暴露对应 6 个月、1 年、2 年和 4 年的形貌，可以发现加速腐蚀试验和西沙大气室外暴露在形貌上具有较好的相似性。

7.3.3 腐蚀产物比较

对 316 不锈钢锈斑进行激光拉曼光谱分析，长期室外暴露后的主要腐蚀产物为 β-FeOOH、γ-Fe$_2$O$_3$、Fe$_3$O$_4$；室内腐蚀产物为 β-FeOOH、α-Fe$_2$O$_3$、Fe$_3$O$_4$。基本一致。

7.3.4 腐蚀电化学特性比较

图 7.12 所示为经过不同周期加速腐蚀后的 316 不锈钢在西沙大气模拟溶液中的极化曲线图。

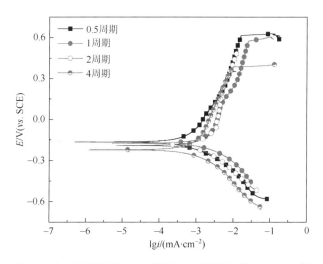

图 7.12 室内加速不同周期的 316 不锈钢在西沙大气模拟溶液中的极化曲线

与室外暴露6、12、24和48个月的极化曲线对比,可以发现极化曲线的形状一致,表明室外暴露和室内加速腐蚀的样品在西沙大气模拟溶液中的腐蚀动力学规律基本一致。

图7.13所示为经过不同周期加速腐蚀后的316不锈钢在西沙大气模拟溶液中点蚀电位的变化图。随着室内加速腐蚀时间的延长,点蚀电位呈明显的下降趋势,这和室外暴露所呈现的特性相一致。但总体上讲,316不锈钢点蚀电位的变化趋势存在一些波动,例如加速腐蚀第四周期后,点蚀电位比同周期室外暴露后样品的点蚀电位要高出50mV。

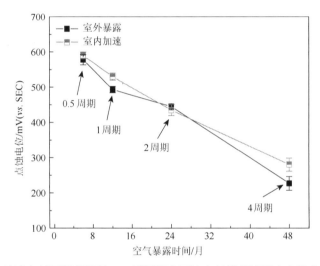

图7.13　室内加速不同周期的316不锈钢在西沙大气模拟溶液中点蚀电位的变化

图7.14所示为室内不同周期加速腐蚀后的316不锈钢在模拟溶液中的电化学阻抗谱。从阻抗谱中可以看出,随着加速腐蚀时间的延长,316不锈钢表面钝化膜的稳定性逐渐下降。对比室外暴露同周期的阻抗谱,室内外腐蚀过程中的变化规律基本保持一致。

对室内加速腐蚀过程的316不锈钢进行拟合。图7.15所示的为316不锈钢经过不同周期加速腐蚀后在西沙模拟溶液中的阻抗谱拟合结果。从拟合的膜电阻和电荷转移电阻数值可以看出,随着室内加速腐蚀时间的延长,316不锈钢的电荷转移电阻和膜电阻均呈下降趋势,电荷转移电阻的下降幅度要高于膜电阻。这些结果都表明，随着室内加速腐蚀的进行 316 不锈钢表面钝化膜的稳定性变差，抗点蚀能力下降，与室外同周期暴露样品的拟合结果基本一致。

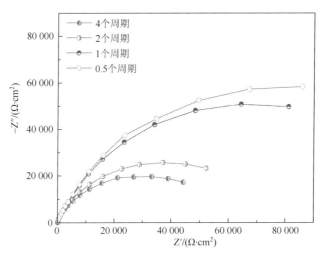

图 7.14　室内加速不同周期的 316 不锈钢在西沙大气环境模拟溶液中阻抗谱

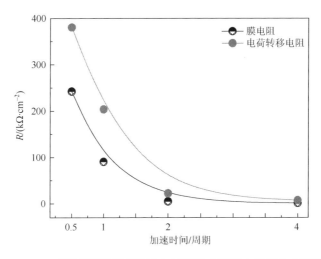

图 7.15　316 不锈钢不同周期室内加速腐蚀中等效电路拟合电阻变化

7.4　结　　论

（1）紫外加周浸室内加速腐蚀环境谱都可以用于模拟 Q235 碳钢、LF2 铝合金、316 不锈钢在西沙海洋大气自然环境中的加速腐蚀试验。经过室内加速腐蚀环境谱加速腐蚀后，腐蚀失重随加速时间的变化符合幂函数规律，与室外腐蚀具有很好的相关性，符合室外自然环境暴露失重规律。

（2）将经过室内加速腐蚀环境谱加速后的样品，在西沙大气环境模拟溶液中进行腐蚀电化学测试，经过加速后样品的腐蚀电流密度、点蚀电位变化、电化学阻抗谱规律以及电荷转移电阻的变化规律，与室外自然暴露腐蚀试验都保持较好的一致性。

（3）经过不同紫外加周浸环境谱加速后，材料表面的锈层产物与经过室外自然环境暴露后锈层的产物保持一致。

参 考 文 献

[1] 刘安强. 碳钢在西沙海洋大气环境下的腐蚀机理[D]. 北京：北京科技大学博士学位论文，2012：12.
[2] 邢士波. 严酷海洋大气环境中铝合金加速腐蚀试验方法研究[D]. 北京：北京科技大学博士学位论文，2013：11.
[3] 骆鸿. 严酷海洋大气环境下典型不锈钢加速腐蚀环境谱研究[D]. 北京：北京科技大学博士学位论文，2013：5.

第8章　海洋大气腐蚀寿命预测建模与验证

通过西沙海洋大气室外暴露和室内加速腐蚀试验的腐蚀动力学、腐蚀形貌、腐蚀产物组成、锈层电化学行为等方面的关联性分析，建立了室内外腐蚀试验相关性的分析方法与流程。所获得的腐蚀数据和环境因子数据越多，腐蚀寿命评估结果越精确。由于室外的数据往往有限，不足以支撑获得符合要求的腐蚀寿命评估结果。建立在良好室内外相关性基础上的大量室内腐蚀数据，不仅可以获得符合要求的腐蚀寿命评估结果，而且可以实现利用短期腐蚀数据更加精确的评估腐蚀寿命。

本章将论述利用室内腐蚀数据，建立腐蚀寿命评估模型；然后利用室外腐蚀数据，对模型进行校核与验证。

8.1　海洋大气腐蚀寿命预测建模

近年来，灰色系统理论、模糊数学、神经网络分析等现代数学方法开始在自然环境试验数据处理中得到大量应用。部分现代数学方法已在装备和材料寿命预测、环境严酷分类等级、环境中主要影响因素的确定和相关性分析中得到了实际应用。

（1）模糊数学理论

模糊数学理论是把一些个体聚成若干类母体，然后再研究每类母体的规律。聚类分析有系统聚类法和分解法两大类。前者在聚类前把指标（或样品），或者环境（或因素）各自当成一类，然后取不同的阈值，每次缩小一类，直到最后归成一类为止；后者则相反，在聚类之前把指标（或样品）当成一类，而后取不同的阈值每次扩大一类，直到所有的个体各自当成一类。

　　自然环境试验中应用模糊数学方法，将已做过试验的材料或产品的环境适应性先进行聚类分析，把它们分成若干类，建立若干材料或产品在各类环境中的环境适应性模式，然后对未知材料或产品在各类环境中的环境适应性进行分析，可以将要预测的未知材料进行模糊模式识别，如果要预测未知材料或产品的环境适应性，正好归在某环境中某一类，即可评估未知材料或产品在某环境中的环境适应性如何。

（2）神经网络方法

　　人工神经网络是在人类对其大脑神经网络认识理解的基础上人工构造的能够实现某种功能的神经网络。它是理论化的人脑神经网络的数学模型，是基于模仿大脑神经网络结构和功能而建立的一种信息处理系统。它实际上是一个由大量简单单元相互连接而成的复杂网络，具有高度的非线性，能够进行复杂的逻辑操作和非线性关系实现的系统。

　　神经网络由很多节点构成，这些节点相互连接在一起按照一定机制通信，节点被称为神经元。神经元的计算能力仅限两个规则：一是组合输入信号的原则；二是将组合的输入信号计算成输出信号的激励规则。

　　单个神经元计算能力有限，但当大量的神经元连接在一起形成神经元网络就能执行复杂的任务。人工神经网络是由大量的人工神经元相互连接而成，人工神经元是一个多输入单输出的信息处理单元，当人工神经元的加权值输入总和超过阈值时，人工神经元就有输出，否则没有输出，人工神经元的输入输出关系数学模型如下：

$$I_i = \sum_{j=1}^{n} \omega_{ij} x_{ij} - \theta_i \tag{8.1}$$

$$y_i = f(I_i) \tag{8.2}$$

$$f(x) = \frac{1}{1 + e^{-x}} \tag{8.3}$$

式中，x_{ij} 为有神经元 j 传送到神经元 i 的输入量；ω_{ij} 为神经元 j 到神经元 i 的连接权值；θ_i 为神经元 i 的阈值；y_i 为神经元 i 输出量，传递函数采用 S 型函数。

神经网络在数据处理中主要用于聚类、分类和预测。人工神经网络具有高度并行性、高度非线性全局作用、良好容错性和联想记忆功能以及较强自适应与自学习功能等特点。

（3）灰色关联分析法

灰色关联是指事物之间不确定关联，或系统因子与主行为因子之间的不确定性关联。灰色关联分析方法是从不完全信息中，对所要分析研究的各因素，通过一定的数据处理，在随机的因素序列间，找出它们的关联性，发现关键问题点，找出主要特征和得到主要因素。它根据因素之间发展态势的相似或相异程度来衡量因素接近的程度。此方法的优点是对样本量的多少要求不高，分析时也不需要确定典型的分布规律，而且结果一般与定性分析相当吻合，因而在自然环境试验数据处理中具有广泛的适用性。由于关联分析可以从众多因素中确定出影响系统的主要因素、主要特征和因素对系统影响的差别，因而在自然环境试验数据处理过程中，可用于确定影响材料和产品环境适应性的主要因素、评估环境适应性、筛选材料和工艺、分类和预测等。

本研究选择灰色模型 GM(1,1)建模，以室内加速环境谱的腐蚀数据作为原始数据列，建立加速环境谱腐蚀试验的预测模型，然后用室外暴露数据进行标定。过程如下：

（1）室内加速腐蚀数据的原始数据列为 $X^{(0)}$：

$$X^{(0)}(k) = \{ X^{(0)}(1), X^{(0)}(2), \cdots, X^{(0)}(n) \} \quad (k = 1, 2, \cdots, n) \quad (8.4)$$

$$X^{(1)}(k) = \sum_{j=1}^{k} X^{(0)}(j)$$

经过累加生成新的序列：

$$X^{(1)}(k) = \{ X^{(1)}(1), X^{(1)}(2), \cdots, X^{(1)}(n) \} \quad (8.5)$$

（2）对 $X^{(1)}$ 作紧邻均值处理；

$$Z^{(1)}(k) = \frac{1}{2}[X^{(1)}(k) + X^{(1)}(k-1)]$$

令，$(k = 2, 3, 4, \cdots, n)$，得到 $Z^{(1)}$：

$$Z^{(1)}(k) = \{Z^{(1)}(1), Z^{(1)}(2), \cdots, Z^{(1)}(n)\} \tag{8.6}$$

（3）确定演化模型：

$X^{(i)}$相应的微分方程为：

$$\frac{\mathrm{d}X^{(1)}}{\mathrm{d}t} + \alpha X^{(1)} = \beta \tag{8.7}$$

式中，α和β为待定模型参数，可用最小二乘法原理求出：

$$\hat{\mu} = [\alpha, \beta]^{\mathrm{T}} = (B^{\mathrm{T}}B)^{-1}B^{\mathrm{T}}Y$$

其中B和Y分别为：

$$B = \begin{bmatrix} -\dfrac{1}{2}[X^{(1)}(2) + X^{(1)}(1)] & 1 \\ -\dfrac{1}{2}[X^{(1)}(3) + X^{(1)}(2)] & 1 \\ \vdots & \vdots \\ -\dfrac{1}{2}[X^{(1)}(n) + X^{(1)}(n-1)] & 1 \end{bmatrix}$$

$$Y = \begin{bmatrix} X^{(0)}(2) \\ X^{(0)}(3) \\ \vdots \\ X^{(0)}(n) \end{bmatrix}$$

最后得到微分响应方程：

$$\hat{X}^{(1)}(k) = \left(X^{(0)}(1) - \frac{\beta}{\alpha}\right)\mathrm{e}^{-\alpha(k-1)} + \frac{\beta}{\alpha} \quad (k = 1, 2, 3, 4, \cdots, n) \tag{8.8}$$

还原原始数据列：

$$\hat{X}^{(0)}(k) = \hat{X}^{(1)}(k) - \hat{X}^{(1)}(k-1) \quad (k = 2, 3, 4, \cdots, n) \tag{8.9}$$

将式（8.8）代入式（8.9）得：

$$\hat{X}^{(0)}(k) = \left(X^{(0)}(1) - \frac{\beta}{\alpha}\right)\mathrm{e}^{-\alpha(k-1)}(1 - \mathrm{e}^{\alpha}) \tag{8.10}$$

（4）求$X^{(1)}$的模拟值，还原求出$X^{(0)}$的模拟值；

（5）误差检验与分析：

采用残差检验和后验差检验方法对预测的精度进行检验，残差检验的定义为

$$\varepsilon(i) = X^{(0)}(i) - \hat{X}^{(0)}(i) \quad (i = 1, 2, \cdots, n) \tag{8.11}$$

残差数列的均值定义为

$$\overline{\varepsilon} = \frac{1}{n}\sum_{i=1}^{n}\varepsilon(i) \tag{8.12}$$

原始数列的均值定义为

$$\overline{X}^{(0)} = \frac{1}{n}\sum_{i=1}^{n}X^{(0)}(i) \tag{8.13}$$

原始数列的标准差定义为

$$S_1 = \sqrt{\frac{\sum_{i=1}^{n}(X^{(0)}(i) - \overline{X}^{(0)})^2}{n}} \tag{8.14}$$

残差数列的标准定义为

$$S_2 = \sqrt{\frac{\sum_{i=1}^{n}(\varepsilon(i) - \overline{\varepsilon})^2}{n}} \tag{8.15}$$

后验差比 C 定义为

$$C = \frac{S_2}{S_1} \tag{8.16}$$

后验指标小误差概率 P 定义为

$$P = p\{|\varepsilon(i) - \overline{\varepsilon}| < 0.6745S_1\} \tag{8.17}$$

8.2　海洋大气腐蚀寿命预测模型计算与验证

8.2.1　Q235 碳钢海洋大气腐蚀寿命预测模型计算与验证[1]

用以上方法，得到 Q235 碳钢的腐蚀预测模型及精度检验结果如式（8.18）和表 8.1 所示。可以看出，后验差比 $C<0.35$，小误差概率 $P=1$，相对误差小于 12%，故该预测模型的精度等级为 1 级。

$$\hat{X}^{(0)}(k) = 0.019\,686\,e^{0.331\,902(k-1)} \quad (k = 2,3,4,\cdots,n) \quad (8.18)$$

表 8.1　GM(1, 1)模型误差检验表

序号	实际数据 $X^{(0)}(k)$	模拟数据 $\hat{X}^{(0)}(k)$	残差 $X^{(0)}(k) - \hat{X}^{(0)}(k)$	相对误差 $\Delta_k = \|\varepsilon(k)\| / X^{(0)}(k)$	精度
2	0.0285	0.0274	0.0011	3.86%	96.14%
3	0.0432	0.0382	0.005	11.57%	88.43%
4	0.0541	0.0533	0.0008	1.48%	98.52%
5	0.0703	0.0743	−0.004	5.69%	94.31%
6	0.1105	0.1035	0.007	6.34%	93.66%
7	0.1498	0.1442	0.0056	3.73%	96.27%
后验差比值	C=0.0891				
小误差概率	P=1.000				

通过基于加速环境谱试验建立的预测模型对试验材料在西沙大气环境中的腐蚀寿命进行预测,并以试验材料在西沙大气环境中暴露试验数据对预测模型的预测结果进行验证,Q235 碳钢的预测结果如表 8.2 所示。从表可以看出,Q235 碳钢的预测结果与试验结果相对误差小于 10%,说明基于加速环境谱试验建立的 GM(1, 1)预测模型的预测精度较高。

表 8.2　GM(1, 1)模型预测值与试验值比较

时间/月	Q235 碳钢		
	试验值	预测值	相对误差
1	0.0191	0.0178	6.81%
3	0.0293	0.0274	6.48%
6	0.0421	0.0382	9.26%
9	0.0503	0.0533	5.96%
12	0.0688	0.0743	7.99%
24	0.1021	0.1035	1.37%
48	0.1385	0.1442	4.12%

8.2.2　LF2 铝合金海洋大气腐蚀寿命预测模型计算与验证[2]

以加速腐蚀试验 1、2、3、4 个周期的 LF2 铝合金腐蚀失重数据作为原始数

据序列，即 $x^{(0)}$（LF2 铝合金）=（0.7457，0.9591，1.299，1.6293），构造 GM(1, 1)
模型。通过上面的计算和建模过程，采用 MATLAB 来实现灰色预测 GM(1, 1)模型。LF2 铝合金腐蚀预测模型：

$$\hat{x}^{(0)}(k+1) = (1-e^{-0.2569})(x^{(0)}(1)+2.4419)e^{0.2569k} \quad (k=1, 2, \cdots) \qquad （8.19）$$

精度检验采用后验差检验方法对预测的精度进行检验如表 8.3 所示，后验差比 $C<0.35$，小误差概率 $P=1$。

表 8.3　GM(1, 1)模型误差检验表

序号	实际数据	模拟数据	残差	相对误差
$X^{(2)}$	0.9591	0.9337	0.0254	2.65%
$X^{(3)}$	1.299	1.2072	0.0918	7.07%
$X^{(4)}$	1.6293	1.5608	0.0685	4.20%
后验差比值		$C=0.2031$		
小误差概率		$P=1.0000$		

通过基于室内加速腐蚀试验动力学数据建立的预测模型对 LF2 铝合金材料在西沙海洋大气环境中的腐蚀动力学进行预测，并以 LF2 铝合金材料在西沙海洋大气环境中实际暴露动力学试验数据对预测模型的预测结果进行验证。对 LF2 铝合金的预测结果如表 8.4 所示。从表可以看出，LF2 铝合金的腐蚀失重预测结果与实际试验值相对误差小于 18.89%，说明基于室内加速腐蚀试验建立的 GM(1, 1)预测模型的预测精度较高。

表 8.4　GM(1, 1)模型预测值与试验值比较

时间	试验值	预测值	相对误差
6 个月	0.8970	0.9064	1.05%
9 个月	0.9857	1.1719	18.89%
12 个月	1.5661	1.5151	3.26%
24 个月	2.1581	1.9589	9.23%
48 个月	3.0441	2.5327	16.80%

8.2.3　316 不锈钢海洋大气腐蚀寿命预测模型计算与验证[3]

接下来是以 316 不锈钢的腐蚀失重、最大点蚀深度和平均点蚀深度来建立的灰色预测模型 GM(1, 1)，如表 8.5～表 8.7 所示，以及误差检验的计算过程：

$$\hat{X}^{(0)}(k) = \left[X^{(0)}(1) - \frac{\beta}{\alpha} \right] e^{-\alpha(k-1)} (1 - e^{\alpha}) \qquad （8.20）$$

表 8.5　316 不锈钢腐蚀失重 GM(1, 1)模型误差检验表

序号	实际数据 $X^{(0)}(k)$	模拟数据 $\hat{X}^{(0)}(k)$	残差 $X^{(0)}(k) - \hat{X}^{(0)}(k)$	相对误差 $\Delta_k = \left| \varepsilon(k) \right| / X^{(0)}(k)$	精度
2	0.257	0.257491	−0.000491	0.19%	99.81%
3	0.285	0.276175	0.008825	3.10%	96.90%
4	0.291	0.296216	−0.005216	0.79%	99.21%
5	0.311	0.317711	−0.006711	2.16%	97.84%
6	0.342	0.340765	0.001235	0.36%	99.64%
7	0.369	0.365493	0.003507	0.95%	99.05%
后验差比值	$C=0.1815$				
小误差概率	$P=1.000$				

表 8.6　316 不锈钢最大点蚀深度 GM(1, 1)模型误差检验表

序号	实际数据 $X^{(0)}(k)$	模拟数据 $\hat{X}^{(0)}(k)$	残差 $X^{(0)}(k) - \hat{X}^{(0)}(k)$	相对误差 $\Delta_k = \left| \varepsilon(k) \right| / X^{(0)}(k)$	精度
2	15.98	15.65764	0.322354	2.02%	97.98%
3	17.81	17.09489	0.715106	4.02%	95.98%
4	18.12	18.66407	−0.54407	3.00%	97.00%
5	19.56	20.37728	−0.817285	4.18%	95.82%
6	22.01	22.24775	−0.237759	1.08%	98.92%
7	25.02	24.28992	0.730072	2.92%	97.08%
后验差比值	$C=0.2011$				
小误差概率	$P=1.000$				

表 8.7　316 不锈钢平均点蚀深度 GM(1, 1)模型误差检验表

序号	实际数据 $X^{(0)}(k)$	模拟数据 $\hat{\ell}^{(0)}(k)$	残差 $X^{(0)}(k) - \hat{X}^{(0)}(k)$	相对误差 $\Delta_k - |\varepsilon(k)|/X^{(0)}(k)$	精度
2	8.80	8.306755	0.493245	5.61%	94.39%
3	10.29	9.94259	0.34741	3.38%	96.62%
4	11.54	11.90056	−0.360566	3.12%	96.88%
5	13.98	14.24412	−0.264123	1.89%	98.11%
6	16.92	17.04919	−0.129192	0.76%	99.24%
7	20.98	20.40666	0.57334	2.73%	97.27%
后验差比值	C=0.1921				
小误差概率	P=1.000				

以上处理方法，是用将局部腐蚀深度，例如点蚀深度，等同于均匀腐蚀深度的处理方法来简约化处理的，这种方法成立的前提是获得准确的点蚀深度及其变化值，这实际是非常困难的。由于点蚀演化动力学的复杂性，目前依赖于点蚀演化动力学建立其腐蚀寿命评估方法亦具有很大的困难，其可靠性也是很大的问题。只有与其演化机理及动力学密切相关的评估方法，其可靠性才能较高。因此，建立基于点蚀动力学的腐蚀寿命评估方法，是我们努力的方向。

8.3　铝合金构件寿命评估应用

某壁厚 1.4mm 的铝合金复杂件，在某海洋大气环境服役半年发生腐蚀穿孔，应用阳极氧化和环氧涂层后，需要对其腐蚀寿命进行精确评定。

根据所确定的腐蚀寿命评估的工作流程，首先是对服役环境因素和腐蚀历程进行连续监测和分析，通过试片的电化学测试确定室内加速腐蚀试验环境谱，并用实际构件数据标定室内加速腐蚀环境谱；最后利用验证后的室内加速腐蚀环境谱，对采用阳极氧化和环氧涂层的构件进行腐蚀寿命评定。

8.3.1　室内加速腐蚀试验环境谱

失效管壁的形貌如图 8.1 所示。表面有龟裂现象且发生了晶间腐蚀，经检验腐蚀产物中含有 Cl、S 元素。通过对服役环境及其历程的监测与分析，初步制定的基于服役环境因素和腐蚀历程分析的加速腐蚀试验环境谱由湿热试验模块、周浸试验模块和盐雾试验模块构成。如图 8.2 所示。

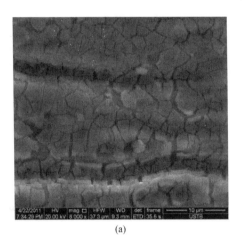 

(a)   (b)

图 8.1　失效试件管壁表面形貌

（a）表面龟裂；（b）晶间腐蚀

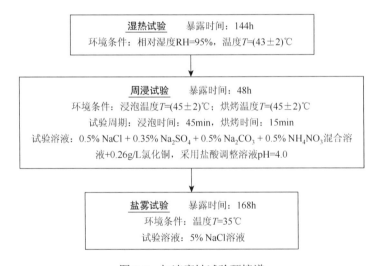

图 8.2　加速腐蚀试验环境谱

8.3.2　室内加速腐蚀试验环境谱的修正与标定

经过环境谱一个周期 15 天的加速试验，在模拟试件管壁表面钝化层产生龟裂现象，如图 8.3 所示；对于平板试样可以观察到钝化层局部破损区域产生 900μm 的蚀坑。试验表明，再加半个循环即 7.5 天后，腐蚀导致整个壁厚穿透，发生泄露。这就表明 15 天+7.5 天的加速腐蚀循环相当于半年，就是循环 3 周次，即 45 天的加速腐蚀试验相当于实际服役运行 1 年。

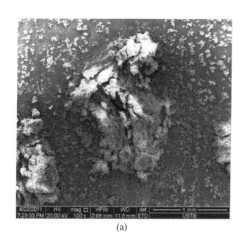 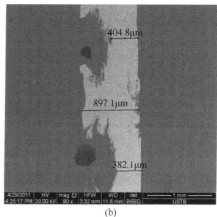

(a)　　　　　　　　　　　　　　(b)

图 8.3　加速腐蚀试验 1 个周期后显微形貌

（a）表面腐蚀形貌；（b）蚀坑截面

8.3.3　腐蚀加速试验与寿命评估结果

实际管件经过 23 天的加速腐蚀试验后，发生穿孔泄露。施加涂层的试样，表面形貌几乎没有变化，如图 8.4 所示。这证明了 45 天加速腐蚀试验相当于实际服役运行 1 年的可靠性。同时证明了涂层构件在役运行 1 年不会发生任何变化。

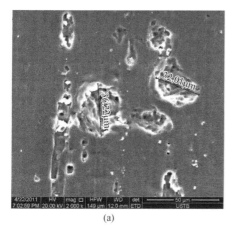 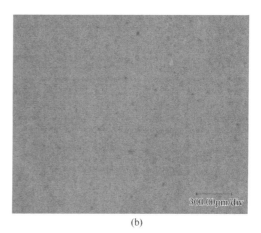

(a)　　　　　　　　　　　　　　(b)

图 8.4　23 天加速腐蚀试验后的腐蚀穿孔和涂层形貌

（a）阳极氧化；（b）涂层

　　通过对阳极氧化试样和涂层试样进一步进行45天和90天的加速腐蚀试验后，对试样进行电化学交流阻抗测试，并与冷凝水模拟溶液浸泡试验进行对比。得到的腐蚀电荷转移电阻如表 8.8 中所示。以上结果表明，阳极氧化保护后的构件虽然没有发生腐蚀穿孔，但是不能满足在役 1 年的工作要求，对于涂层试样，经过 2 个试验周期的腐蚀加速试验，涂层的保护作用并没有明显的降低，完全能够满足 2 年的工作要求。

表 8.8　电化学交流阻抗测试结果

试样	溶液	电荷转移电阻/($\Omega\cdot cm^2$)
阳极氧化膜	冷凝水模拟溶液 pH=6.5	2.08×10^6
	加速腐蚀试验 45d	377.7
	加速腐蚀试验 90d	259.5
涂层	冷凝水模拟溶液 pH=6.5	7.08×10^{10}
	加速腐蚀试验 45d	3.35×10^{10}
	加速腐蚀试验 90d	3.78×10^{10}

　　继续将涂层试样进行了 7 个周期，即 315 天的加速腐蚀试验，经检测涂层没有发生变化，这说明涂层构件至少能够满足在役 7 年的工作要求。

8.4　结　　论

　　本书提出的腐蚀评估方法与流程主要对活化腐蚀体系有效，特别是对某一腐蚀活化体系，其极化曲线在一定范围内具有同样的形状是建立本评估方法的前提。对于腐蚀的钝化体系，由于其腐蚀过程的复杂性和局部腐蚀的特点，通过电化学极化曲线无法准确表征其腐蚀加速性与可比性，将导致较大的误差，甚至完全不准确。对钝化腐蚀体系，尚需要发展其他有效的腐蚀寿命评估方法与流程。

参 考 文 献

[1]　刘安强. 碳钢在西沙海洋大气环境下的腐蚀机理[D]. 北京：北京科技大学博士学位论文，2012：12.

[2]　邢士波. 严酷海洋大气环境中铝合金加速腐蚀试验方法研究[D]. 北京：北京科技大学博士学位论文，2013：11.

[3]　骆鸿. 严酷海洋大气环境下典型不锈钢加速腐蚀环境谱研究[D]. 北京：北京科技大学博士学位论文，2013：5.